以《九章算术》为代表的中国传统数学思想
方法，同以《几何原本》为代表的古希腊数学思
想方法，各有千秋……我认为，在未来，以《九
章算术》为代表的算法化、程序化、机械化的数
学思想方法体系，凌驾于以《几何原本》为代表
的公理化、逻辑化、演绎化的数学思想方法之
上，不仅不无可能，甚至可以说是殆成定局。

——吴文俊

（著名数学家、中国科学院院士）

科学元典丛书·学生版

The Series of the Great Classics in Science

主　　编　任定成

执行主编　周雁翎

策　　划　周雁翎

丛书主持　陈　静　张亚如

科学元典是科学史和人类文明史上划时代的丰碑，是人类文化的优秀遗产，是历经时间考验的不朽之作。它们不仅是伟大的科学创造的结晶，而且是科学精神、科学思想和科学方法的载体，具有永恒的意义和价值。

科学元典丛书·学生版

九章算术

·学生版·

（附阅读指导、数字课程、思考题、阅读笔记）

〔汉〕张苍 耿寿昌 删补　郭书春 译讲

北京大学出版社

PEKING UNIVERSITY PRESS

图书在版编目（CIP）数据

九章算术：学生版/（汉）张苍，（汉）耿寿昌删补;郭书春译讲.—北京：北京大学出版社，2021.5

（科学元典丛书）

ISBN 978-7-301-31946-8

Ⅰ.①九…　Ⅱ.①张…②耿…③郭…　Ⅲ.①古典数学－中国－青少年读物　Ⅳ.①O112-49

中国版本图书馆 CIP 数据核字（2021）第 006145 号

书　　　　名	九章算术（学生版）	
	JIUZHANG SUANSHU（XUESHENG BAN）	
著作责任者	〔汉〕张　苍　耿寿昌　删补　郭书春　译讲	
丛 书 主 持	陈　静　张亚如	
责 任 编 辑	唐知涵	
标 准 书 号	ISBN 978-7-301-31946-8	
出 版 发 行	北京大学出版社	
地　　　　址	北京市海淀区成府路 205 号　100871	
网　　　　址	http://www.pup.cn　新浪微博:@北京大学出版社	
微信公众号	科学元典（微信公众号：kexueyuandian）	
电 子 信 箱	zyl@pup.pku.edu.cn	
电　　　　话	邮购部 010-62752015　发行部 010-62750672	
	编辑部 010-62753056	
印 　刷　 者	北京中科印刷有限公司	
经 　销　 者	新华书店	
	787 毫米×1092 毫米　32 开本　7.75 印张　130 千字	
	2021 年 5 月第 1 版　2021 年 5 月第 1 次印刷	
定　　　　价	38.00 元	

弁　言

Preface to the Series of the Great Classics in Science

任定成

中国科学院大学 教授

一

改革开放以来，我国人民生活质量的提高和生活方式的变化，使我们深切感受到技术进步的广泛和迅速。在这种强烈感受背后，是科技产出指标的快速增长。数据显示，我国的技术进步幅度、制造业体系的完整程度，专利数、论文数、论文被引次数，等等，都已经排在世界前列。但是，在一些核心关键技术的研发和战略性产品的生产方面，我国还比较落后。这说明，我国的技术进步赖以依靠的基础研究，亟待加强。为此，我国政府和科技界、教育界以及企业界，都在不断大声疾呼，要加强基础研究、加强基础教育！

那么，科学与技术是什么样的关系呢？不言而喻，科学是根，技术是叶。只有根深，才能叶茂。科学的目标是发现新现象、新物质、新规律和新原理，深化人类对世界的认识，为新技术的出现提供依据。技术的目标是利用科学原理，创造自然界原本没有的东西，直接为人类生产和生活服务。由此，科学和技术的分工就引出一个问题：如果我们充分利用他国的科学成果，把自己的精力都放在技术发明和创新上，岂不是更加省力？答案是否定的。这条路之所以行不通，就是因为现代技术特别是高新技术，都建立在最新的科学研究成果基础之上。试想一下，如果没有训练有素的量子力学基础研究队伍，哪里会有量子技术的突破呢？

那么，科学发现和技术发明，跟大学生、中学生和小学生又有什么关系呢？大有关系！在我们的教育体系中，技术教育主要包括工科、农科、医科，基础科学教育主要是指理科。如果我们将来从事科学研究,毫无疑问现在就要打好理科基础。如果我们将来是以工、农、医为业,现在打好理科基础,将来就更具创新能力、发展潜力和职业竞争力。如果我们将来做管理、服务、文学艺术等看似与科学技术无直接关系的工作,现在打好理科基础,就会有助于深入理解这个快速变化、高度技术化的社会。

我们现在要建设世界科技强国。科技强国"强"在哪里?不是"强"在跟随别人开辟的方向,或者在别人奠定的基础上,做一些模仿性的和延伸性的工作,并以此跟别人比指标、拼数量,而是要源源不断地贡献出影响人类文明进程的原创性成果。这是用任何现行的指标,包括诺贝尔奖项,都无法衡量的,需要培养一代又一代具有良好科学素养的公民来实现。

二

我国的高等教育已经进入普及化阶段,教育部门又在扩大专业硕士研究生的招生数量。按照这个趋势,对于高中和本科院校来说,大学生和硕士研究生的录取率将不再是显示办学水平的指标。可以预期,在不久的将来,大学、中学和小学的教育将进入内涵发展阶段,科学教育将更加重视提升国民素质,促进社会文明程度的提高。

公民的科学素养,是一个国家或者地区的公民,依据基本的科学原理和科学思想,进行理性思考并处理问题的能力。这种能力反映在公民的思维方式和行为方式上,而不是通过统计几十道测试题的答对率,或者统计全国统考成绩能够表征的。一些人可能在科学素养测评卷上答对全部问题,但经常求助装神弄鬼的"大师"和各种迷信,能说他们的科学素养高吗?

曾经,我们引进美国测评框架调查我国公民科学素养,推动"奥数"提高数学思维能力,参加"国际学生评估项目"（Programme for International Student Assessment,简称PISA）测试,去争取科学素养排行榜的前列,这些做法在某些方面和某些局部的确起过积极作用,但是没有迹象表明,它们对提高全民科学素养发挥了大作用。题海战术,曾经是许多学校、教师和学生的制胜法宝,但是这个战术只适用于衡量封闭式考试效果,很难说是提升公民科学素养的有效手段。

为了改进我们的基础科学教育,破除题海战术的魔咒,我们也积极努力引进外国的教育思想、教学内容和教学方法。为了激励学生的好奇心和学习主动性,初等教育中加强了趣味性和游戏手段,但受到"用游戏和手工代替科学"的诟病。在中小学普遍推广的所谓"探究式教学",其科学观基础,是20世纪五六十年代流行的波普尔证伪主义,它把科学探究当成了一套固定的模式,实际上以另一种方式妨碍了探究精神的培养。近些年比较热闹的 STEAM 教学,希望把科学、技术、工程、艺术、数学融为一体,其愿望固然很美好,但科学课程并不是什么内容都可以糅到一起的。

在学习了很多、见识了很多、尝试了很多丰富多彩、眼花缭乱的"新事物"之后,我们还是应当保持定力,重新认识并倚重我们优良的教育传统:引导学生多读书,好读书,读好书,包括科学之书。这是一种基本的、行之有效的、永不过时的教育方式。在当今互联网时代,面对推送给我们的太多碎片化、娱乐性、不严谨、无深度的瞬时知识，我们尤其要静下心来，系统阅读，深入思考。我们相信，通过持之以恒的熟读与精思，一定能让读书人不读书的现象从年轻一代中消失。

三

科学书籍主要有三种：理科教科书、科普作品和科学经典著作。

教育中最重要的书籍就是教科书。有的人一辈子对科学的了解，都超不过中小学教材中的东西。有的人虽然没有认真读过理科教材，只是靠听课和写作业完成理科学习，但是这些课的内容是老师对教材的解读，作业是训练学生把握教材内容的最有效手段。好的学生，要学会自己阅读钻研教材，举一反三来提高科学素养，而不是靠又苦又累的题海战术来学习理科课程。

理科教科书是浓缩结晶状态的科学，呈现的是科学的结果，隐去了科学发现的过程、科学发展中的颠覆性变化、科学大师活生生的思想，给人枯燥乏味的感觉。能够弥补理科教科书欠缺的，首先就是科普作品。

　　学生可以根据兴趣自主选择科普作品。科普作品要赢得读者，内容上靠的是有别于教材的新材料、新知识、新故事；形式上靠的是趣味性和可读性。很少听说某种理科教科书给人留下特别深刻的印象，倒是一些优秀的科普作品往往影响人的一生。不少科学家、工程技术人员，甚至有些人文社会科学学者和政府官员，都有过这样的经历。

　　当然，为了通俗易懂，有些科普作品的表述不够严谨。在讲述科学史故事的时候，科普作品的作者可能会按照当代科学的呈现形式，比附甚至代替不同文化中的认识，比如把中国古代算学中算法形式的勾股关系，说成是古希腊和现代数学中公理化形式的"勾股定理"。除此之外，科学史故事有时候会带着作者的意识形态倾向，受到作者的政治、民族、派别利益等方面的影响，以扭曲的形式出现。

　　科普作品最大的局限，与教科书一样，其内容都是被作者咀嚼过的精神食品，就失去了科学原本的味道。

　　原汁原味的科学都蕴含在科学经典著作中。科学经典著作是对某个领域成果的系统阐述，其中，经过长时间历史检验，被公认为是科学领域的奠基之作、划时代里程碑、为人类文明做出巨大贡献者，被称为科学元典。科学元典是最重要的科学经典，是人类历史上最杰出的科学家撰写的，反映其独一无二的科学成就、科学思想和科学方法的作品，值得后人一代接一代反复品味、常读常新。

科学元典不像科普作品那样通俗，不像教材那样直截了当，但是，只要我们理解了作者的时代背景，熟悉了作者的话语体系和语境，就能领会其中的精髓。历史上一些重要科学家、政治家、企业家、人文社会学家，都有通过研读科学元典而从中受益者。在当今科技发展日新月异的时代，孩子们更需要这种科学文明的乳汁来滋养。

现在，呈现在大家眼前的这套"科学元典丛书"，是专为青少年学生打造的融媒体丛书。每种书都选取了原著中的精华篇章，增加了名家阅读指导，书后还附有延伸阅读书目、思考题和阅读笔记。特别值得一提的是，用手机扫描书中的二维码，还可以收听相关音频课程。这套丛书为学习繁忙的青少年学生顺利阅读和理解科学元典,提供了很好的入门途径。

四

据 2020 年 11 月 7 日出版的医学刊物《柳叶刀》第 396 卷第 10261 期报道,过去 35 年里,19 岁中国人平均身高男性增加 8 厘米、女性增加 6 厘米,增幅在 200 个国家和地区中分别位列第一和第三。这与中国人近 35 年营养状况大大改善不无关系。

一位中国企业家说,让穷孩子每天能吃上二两肉,也许比修些大房子强。他的意思,是在强调为孩子提供好的物质营养来提升身体素养的重要性。其实,选择教育内容也是一样的道理,给孩子提供高营养价值的精神食粮,对提升孩子的综合素养特别是科学素养十分重要。

理科教材就如谷物,主要为我们的科学素养提供足够的糖类。科普作品好比蔬菜、水果和坚果,主要为我们的科学素养提供维生素、微量元素和矿物质。科学元典则是科学素养中的"肉类",主要为我们的科学素养提供蛋白质和脂肪。只有营养均衡的身体，才是健康的身体。因此，理科教材、科普作品和科学元典，三者缺一不可。

长期以来，我国的大学、中学和小学理科教育，不缺"谷物"和"蔬菜瓜果"，缺的是富含脂肪和蛋白质的"肉类"。现在，到了需要补充"脂肪和蛋白质"的时候了。让我们引导青少年摒弃浮躁，潜下心来，从容地阅读和思考，将科学元典中蕴含的科学知识、科学思想、科学方法和科学精神融会贯通，养成科学的思维习惯和行为方式，从根本上提高科学素养。

我们坚信，改进我们的基础科学教育，引导学生熟读精思三类科学书籍，一定有助于培养科技强国的一代新人。

2020 年 11 月 30 日

北京玉泉路

目　录

下篇　学习资源

上　篇

阅读指导
Guide Readings

郭书春

中国科学院自然科学史研究所　研究员

中国古代的计算工具

算经之首

《九章算术》讲了些什么？

《九章算术》产生的时代背景

《九章算术》的作者是谁？

《九章算术》具有什么历史地位？

《九章算术》具有什么现代价值？

中国古代的计算工具

首先,我们讲一下《九章算术》这个书名。书名中"算术"的"算"有两种写法。一种是我们今天所熟知的计算的"算";另一种写法是"筹",这个字的读音和计算的"算"一样。在中国古代数学典籍和出土的简书中,《九章算术》和《九章筹术》都曾出现过。但实际上,"筹"并非"算"的异体字,它是指计算时所用的工具,就是所谓的算筹。

算筹就是一把很整齐的小竹棍或者小木棍。为了方便计算,古人常把算筹装在一个小袋子里,随身携带,这就是所谓的"算袋"。你可以想象,那时候的人,经常随身携带一大把算筹作为计算工具,是不是很有趣? 简单说,算筹就是古人用的一种小计算器。而用手摆弄这些算筹进行计算,就是所谓的筹算。

算筹是宋代以前,世界上最方便的计算工具。将算筹纵横交错,并用空位表示 0,可以表示任何自然数,也可以表示分数、小数、负数,高次方程和线性方程组,甚至可以表示多元高次方程组。算筹加上先进的十进位值制记数法,是中国古典数学长于计算的重要原因。算筹是明朝中叶以前,中国的主要计算工具。中国古典数学的主要成就,大都是借助算筹和筹算取得的。

因此，根据以上分析，这本书的书名应该写成《九章筹术》。但是，由于《九章算术》这个书名，现在已被大家广泛接受了，按照约定俗成的原则，也为了讨论方便，本书写成《九章算术》。

从唐代中叶起，随着商业繁荣，人们需要计算得快，便创造了各种乘除速算法，并利用汉语数字都是单音节的特点，编成许多口诀，更加便于传诵记忆。但这样就产生了新的矛盾：嘴念口诀很快，手摆弄算筹很慢，得心无法应手。

为了解决这一矛盾、满足社会需要，就需要有新的计算工具。这就导致我国最迟在宋代，就发明了珠算盘。此后，珠算盘与算筹一起，共存并用了很长时间。关于这一点，我们从明代初年的绘图识字读物——《魁本对相四言杂字》中可以看到，插图中既有珠算盘，也有算筹（当时叫算子）。

大约在明朝中叶，珠算盘完全取代了算筹，完成了中国计算工具的改革。此后一直到20世纪，珠算在中国、朝鲜、日本和东南亚地区人们的生活、生产中，都发挥了巨大的作用。

2013年12月4日，联合国教科文组织审议通过，将"中国珠算——运用算盘进行数学计算的知识与实践"，列入《人类非物质文化遗产代表作名录》。

算经之首

《九章算术》是中国古代最重要的数学经典,历来被尊为算经之首,相当于儒家的《论语》、兵家的《孙子兵法》等经典。现今流传的《九章算术》,含有西汉编纂的《九章算术》本文,三国时期魏国刘徽撰写的《九章算术注》,以及唐朝初年李淳风等撰写的《九章算术注释》,这三方面的内容。在这里,我们主要谈谈《九章算术》本文,也就是《九章算术》本身的内容。

《九章算术》是《算经十书》之一。那么,什么是《算经十书》呢?

《算经十书》是西汉至唐朝初年十部算术著作的总集和总称。唐朝初年,有个叫李淳风的年轻人,聪慧好学,博览群书,才华横溢,尤其精通历法、天文学和算术;唐太宗李世民对这个当时只有25岁的年轻人非常器重,便命他在数学最高教育机构——国子监算学馆,整理编辑这十部算术著作。为了提高数学的地位,李淳风便将"算术"改作"算经"。经过李淳风和他助手的共同努力,十部算经得到系统的整理和编辑。后来,十部算经成为唐代算学馆的教材,并且钦定为科举考试中明算科的考试科目。

北宋元丰七年,也就是公元1084年,当时有个专门管理国家藏书的机构，叫秘书省，非常重视古代经典的保藏。秘书省根据唐代的手抄本，对这十部算经进行了刻印。这是世界文化史上，首次刻印数学著作。

到了13世纪初年，南宋有个叫鲍澣之的人，他是当时很有名的天文学家和数学家。他找到北宋秘书省的这个刻印本并进行了翻刻。这个翻刻本，我们称之为南宋本。必须强调一下，这是目前世界上现存最早的印刷本数学著作。

到明朝时，《九章算术》被抄录入《永乐大典》，但民间仅存半部。这成为藏书家手中的古董，大数学家们都读不到。到了清朝中叶，乾隆年间修纂《四库全书》。当时有个大学者，名叫戴震，被乾隆皇帝召为《四库全书》纂修官。戴震从明代《永乐大典》中，辑录、校勘了《九章算术》等七部算经，并将它们抄录入《四库全书》中，同时收入《武英殿聚珍版丛书》，这是首次用活字印刷《九章算术》。后来，戴震又找到其他几部汉唐时期的算经，重新加以整理，被人刻印成书。从此，这十部算术经典著作，就被称为《算经十书》一直流传下来；而《九章算术》，便是这十部算术经典著作中，最重要的一部。

《九章算术》讲了些什么？

《九章算术》共有九卷，也就是九个部分，因此称为九章。

第一卷为"方田"。这一卷列出了各种图形的面积公式，以及世界上最早、最完整的分数四则运算法则，共有38个例题。

第二卷为"粟米"，是以"今有术"为主体的比例算法。所谓"今有术"，就是已知所有数、所有率与所求率三项，计算所求数的方法，也称"三率法"。当然，这一卷还有其他方法。这一卷共有46个例题。

第三卷为"衰（cuī）分"。所谓衰分，就是比例分配算法。这一卷中，还有一些用第二卷中的"今有术"求解的，异乘同除问题，共有20个例题。

第四卷为"少广"。这一章共有24个例题。第一部分是，有一块田地，已知它的面积为1亩，还知道这块田地最小的宽，也就是所谓的"广"，要求这块田地的长是多少。这类问题就称之为"少广"。

实际上，大家可以看出来，这是长方形面积问题的逆运算。按照这种方法又发展出，已知某正方形的面积，求其边长的开方术；已知某正方体的体积，求其边长的开立方术。这就是面积与体积问题的逆运算。这类问题，也就自然归类在"少广"这一章中。

再到后来,开方术和开立方术,又发展为求解一元方程的正根的方法。这是中国古代最为发达的数学分支。

第五卷为"商功"。商功的本义,是讨论土方工程工作量如何分配。为此,首先要知道工程中土方的体积,和挖掘的各种地下工程的容积。为了解决这一问题,"商功"这一卷,提出了各种多面体和球体的体积公式,共有28个例题。

第六卷为"均输"。"均输"这一卷讲的是,各县或各户赋税的合理负担算法。此外还有各种算术难题。这一卷共有28个例题。

第七卷为"盈不足",也就是盈亏类问题的算法及其在各种数学问题中的应用,共有20个例题。

第八卷为"方程"。这里介绍的方程术,是现今线性方程组的解法,它与含有一个未知数及其幂次的等式这类方程不同。在这一卷中,实际问题所列出的关系式,有时并不是规整的方程,于是这里就提出了列方程的方法"损益"。方程在消元时,可能出现以小减大的情形,便出现负数,或者列出的方程本身就含有负系数。于是,就提出了正负数加减法则。这一卷共有18个例题。

第九卷为"勾股"。这一卷含有勾股定理、解勾股形、勾股数组的通解公式、勾股容方、勾股容圆,以及简单的测望问题,共有24个例题。

《九章算术》含有近百条十分抽象的公式和解法,以及 246 个例题。其中,分数四则运算法则,比例和比例分配算法,盈不足算法,开方法,线性方程组解法,正负数加减法则,列方程的方法,勾股数组及部分解勾股形的方法等,是这类算法在世界上最早的文献记录,都超前其他文化传统几百年,甚至千余年,是具有世界意义的重大科学成就。

《九章算术》产生的时代背景

前面讲过，《九章算术》的内容共有九卷，也就是九个部分。这九个部分的内容，都与解决生产和生活实际问题有关，或者是趣味数学题。

学术界认为，《九章算术》是春秋战国时期，社会大变革和经济大发展的产物，它是此前中国几个世纪内数学知识的系统总结。但是，由于此前我国古代数学著作丢失严重，因此，关于这一时期中国数学的发展状况，学术界至今仍然不十分清楚。

在儒家经典《周礼》一书中，就记载了西周贵族子弟要学习"六艺"的内容。"六艺"是指六种技能：礼、乐、射、御、书、数。礼即礼仪，乐即乐律，射即射箭，御即驾驭马车，书即文字学，数即算数。这是中国古代儒家要求贵族子弟，或者说君子，必须掌握的六种基本才能。

六艺中的"数"也称为"九数"。"九数"在西周具体是哪九门算数，现在已无法考察，我们不得而知。但是，《九章算术》中，计算田地面积和各种谷物交换的方法等，在当时肯定已经娴熟。根据十部算经之一的《周髀（bì）算经》记载，殷商末年西周初年，有一位名叫商高（商实际上是朝代名，所以又称为"殷高"）的数学家，已掌握了勾股圆方图,其中就有圆与正方形内接、外切关系图。并且,商高还给出了勾股定理的特例,即,勾3、股4、弦5。根据这个定理,就可以求远处物体的距离,也可以确定直角。商高还向周公讲述了用一种叫"矩"的工具,进行测高和望远的方法。周公听了商高的讲述,不由得从心底发出一声赞叹,"了不起啊,数学"!周公的这声赞叹,给我们传达出一个信息,当时的算数已经比较发达,意味着数学已经成为一门学科。

西周末年,礼崩乐坏,政治腐败,社会动荡。公元前770年,周平王东迁洛邑,也就是今天河南省洛阳市。由此开始,中国逐渐进入社会大变革、思想大解放、经济大发展的春秋战国时代,直到公元前221年秦始皇统一中国。

春秋时期,夏、商、西周长期施行的"井田制"逐渐解体,开始实行按田亩大小和产量多少征收租税。这里简单解释一下什么是"井田制"。"井田制"是将国家拥有的土地分层级,划分成许多方块,像"井"字形。以九个"方块"为一组,称"一井"。四周的八个方块,称为私田;中间的一个方块,称为公田。这种土地制度,实质是一种以国有为名的贵族土地所有制。井田的形状很规则,因此,丈量起来非常简单、方便,不需要很复杂的数学计算。

西周之后,铁器在手工业和农业中广泛使用,大大促进了生产力的发展。同时,学术和文化也发生了变革。"学在官府"被打破,学术下移,私学兴起,出现了知识分子构成的"士"阶层。他们有不同的学术观点和理想抱负，互相争辩，服务于不同的社会集团，促进了学术的蓬勃发展。

这一时期，农业、手工业和商业更加繁荣。宫室的建造，城池的修筑，水利设施的兴修，促进了数学方法的创立和发展。在春秋末年成书的《左传》中，有两次筑城的记载：一次是鲁宣公十一年，也就是公元前598年；另一次是鲁昭公三十二年，也就是公元前510年。这两次筑城，都要用到土方体积，沟、渠容积，使用的民工数，工作量的分配，民工的粮食供应，运输的远近等方面的计算，还要用到面积、体积的计算，粟米交换，比例和比例分配，乃至均输、测望、勾股等数学方法。

西周初年的"九数"，发展到春秋战国，从内容到方法，都发生了大的飞跃，成为东汉时期所说的九个分支：方田、粟米、差（cī）分、少广、商功、均输、赢不足、方程、旁要。《周礼》《管子》《墨子》等先秦典籍和出土文物中，都有关于九数内容的若干蛛丝马迹。

春秋战国时期，随着社会变革的加剧，思想界出现了百家争鸣的繁荣局面。儒家、墨家、道家、名家等诸子互相争辩，促进了学术的发展，提高了人们的抽象思维能力。数学九个门类中的算法大都是抽象性比较高的，这是先秦人们抽象思维能力较强的反映。正是它们，构成了《九章算术》的主要方法和基本框架。

秦、汉是中国历史上最早的两个统一的中央集权的朝代,社会生产力得到进一步发展,数学也得到长足进步。但是,秦朝的严刑苛法、汉武帝的独尊儒术,阻碍了百家争鸣,学者们的抽象思维能力大大降低,他们主要使用形象思维。在《九章算术》中,有很多问题局限于烦琐的演算,而抽象得不够,正是这种形象思维的反映。

《九章算术》的作者是谁？

现在，学术界公认，《九章算术》是经过几代人长期积累而成的。但它到底是什么时候编定的，由谁编定的，则有各种说法。《九章算术》在公元2世纪就已经成为官方规范度量衡器制造的经典，这说明它实际的编定时间要比公元2世纪早得多。

在现存的史料中，关于《九章算术》的编纂，最早记载此事的是魏晋时期数学家刘徽。刘徽生活于公元3世纪，他写了一本《九章算术注》，在数学史上影响很大。刘徽在《九章算术注》序中说，周公制定礼乐制度时，便产生了九数。九数经过发展，就成为《九章算术》。过去，残暴的秦朝焚书，导致经、术散坏。自那以后，西汉时期的张苍、耿寿昌，皆以擅长数学而著称于世。张苍等人凭借残缺的前人文本，先后进行删削补充。

后来，又有人认为，《九章算术》是黄帝或其臣子隶首所作，这种说法当然不足为信。

日本历史学家堀（kū）毅在其所著的《秦汉物价考》一书中，引述《史记》和《居延汉简》等文献及考古证据，对《九章算术》中的物价所反映的时代进行考证，得出的结论是，尽管有的物价《九章算术》中所述与汉代十分相近，但总的来说,绝大多数差别相当大。他又分析了战国和秦代的物价,得出的结论是,"《九章算术》基本上反映出战国、秦时的物价"。这为刘徽的论断提供了新的佐证。

清朝中叶以来,许多学者否定刘徽的看法,但其论据大都与史料有矛盾,唯有刘徽的看法与任何史料都没有矛盾。

那么,刘徽提到的张苍和耿寿昌究竟是谁呢?让我们来认识一下。

张苍、耿寿昌是西汉最伟大的数学家,他们是继公元前5世纪数学家陈子之后,和刘徽之前,这七八百年间,我国最重要的两位数学家。

我们先来讲一讲张苍。

张苍是秦汉时期的政治家、数学家、天文学家。他是阳武人,阳武位于今天河南省原阳县东南。张苍曾经在秦朝掌管文书、记事及官藏图书,对当时的图书计籍,都非常熟悉。秦二世三年,也就是公元前207年,张苍因不满秦朝的暴政,参加了刘邦反抗秦朝的起义军,成为军中的一名干将,屡立军功。秦朝灭亡后,刘邦建立了汉朝,成为汉高祖。高祖三年,也就是公元前204年,张苍因军功被封为北平侯。很快,在这一年,张苍升迁为计相。"计相"的职责,是掌管各郡国的财政和统计工作,相当于现在的财政部部长兼国家统计局局长。

张苍善于计算,还精通乐律、历法,于是受汉高祖之命"定章程"。刘邦的皇后吕雉去世后,张苍协助开国元勋周勃,粉碎吕氏集团篡权的阴谋,迎立刘邦第四子刘恒为皇帝。这个刘恒,就是后来开创文景之治的汉文帝。汉文帝前元四年,也就是公元前176年,张苍被任命为丞相。后来,他在朝廷政治斗争中失败,于是就称病辞职,返乡养老。汉景帝前元五年,也就是公元前152年,张苍去世,《史记》说他活了一百多岁。

西汉初年,皇帝论功行赏,公卿将相大多出身于不通文墨的军吏,像张苍这样的学者封侯拜相,实属凤毛麟角。他著《张苍》十八篇,现已不存。张苍最重要的科学活动,是所谓的"定章程",包括历法、算学、度量衡、乐律等几个方面。确定汉朝初年使用的历法,是张苍"定章程"中最重要的工作。他肯定秦始皇统一全国度量衡的贡献,使汉初基本上沿袭秦朝的制度。张苍对秦始皇焚书后和秦末战乱中散坏的《九章算术》残简,进行了仔细收集、整理和删补,这是《九章算术》编纂的最重要的阶段,也是张苍"定章程"中最杰出的工作。

下面,我们再来讲讲耿寿昌。

耿寿昌,西汉数学家、理财家、天文学家,生卒和籍贯不详。只知道他曾在汉宣帝时期,担任过"大司农中丞"的职务,这是朝廷管理国家财政的官职。汉宣帝刘询于公元前73年到公元前49年在位。在这24年中,汉宣帝轻徭薄赋,整顿工商,励精图治。耿寿昌就生活在这样一个时代。

耿寿昌非常熟悉测量和工程计算,并且精于财政和贸易管理等事务。他最杰出的科学工作是对当时人们生产、生活中的数学问题,进行了收集、整理和总结,在张苍的基础上,继续删补《九章算术》,并将其定稿。

在任职"大司农中丞"期间,汉宣帝根据耿寿昌的建议,把长安京畿地区和太原等郡的粮食收购入国库,使京师的粮食供应充足。这一举措,比以前从关东采购粮食进京城,节省了大半的漕运费用和沿途押运的兵卒。

此外,耿寿昌又命令边境各郡都修筑粮仓,在谷物价格低贱的时候,提高价格而采购,以利于农民和农业。在谷物价格贵的时候,压低价格而出卖,平抑粮价,称为常平仓。这一举措,保证了粮食供给,使社会稳定,人民安居乐业,收到了良好的效果。

耿寿昌还是天文学家、历法学家,在浑天说与盖天说的争论中,他主张更先进的浑天说。他曾著有几部天文学著作,遗憾的是,这些著作现在都已失传。

《九章算术》具有什么历史地位？

《九章算术》确立了中国古典数学的基本框架，为数学成为中国古代最为发达的基础科学之一，奠定了基础，深刻影响了此后 2000 余年间，中国乃至东方世界的数学。《九章算术》具有崇高的历史地位。

其一，《九章算术》具有鲜明的机械化算法特征。

古希腊数学家认为，数学是人们头脑思辨的产物，他们主要关注在逻辑推理基础上的抽象化的数学知识，对实际应用关注较少。与古希腊数学不同，中国古代数学非常重视计算和实际应用。我们可以看到，《九章算术》的突出特点，就是数学理论密切联系实际。

《九章算术》以算法为中心，大部分术文，是抽象的计算公式或程序。即使是面积、体积和勾股测望等问题，也没有关于图形性质的命题。所有的问题，都必须计算出其长度、面积和体积，实际上是几何问题与算术、代数相结合，或者说是几何问题的算法化，并具有构造性与机械化的特色。

其二，《九章算术》规范了中国古典数学的表达方式。

在数学表达方式上，《九章算术》与秦汉数学简牍，有明显的不同。《九章算术》的表达方式十分规范，而且前后统一。而秦汉数学简牍的表达方式,非常繁杂,没有统一的格式。显然,这是数学早期发展的必然现象。

春秋战国时代,诸侯林立,诸子百家互相辩难,各地语言文字不同,数学术语也不可能统一。秦朝虽然建立了大一统的帝国,但太短命,虽然匆忙中统一了文字,但还来不及规范数学术语。直到张苍、耿寿昌时代,他们发掘、整理了前人的数学成果,并且编定《九章算术》,这才完成了数学术语的统一。他们的工作,对规范中国古典数学术语,做出了巨大贡献。此后,直到 20 世纪初,中国数学著作一直沿用《九章算术》的模式。

其三,《九章算术》属于世界数学的主流。

我国当代著名数学家吴文俊先生说,"在历史长河中,数学机械化算法体系与数学公理化演绎体系曾多次反复,互为消长,交替成为数学发展中的主流"。

《九章算术》所代表的就是数学机械化算法体系,它与以《几何原本》为代表的古希腊数学公理化演绎体系不同。《九章算术》所奠基的中国古典数学以研究数量关系为主,属于世界数学的主流。实际上,《九章算术》编定之时,灿烂辉煌的古希腊数学已越过它的顶峰,走向衰落。

《九章算术》的成书,标志着中国以及后来的印度和阿拉伯地区,逐渐成为世界数学研究的中心。这种状况一直延续到文艺复兴之后,欧洲迈入变量数学的大门为止。

当然,我们必须实事求是地认识到,《九章算术》也存在着一些明显的缺点。主要表现在以下几个方面：

第一个缺点是，分类标准不统一。书中的九卷，有的按应用分类，如方田、粟米、商功、均输等；有的按方法分类，如衰分、少广、盈不足、方程、勾股等。

第二个缺点是，内容有交错，有的文不对题。如一些异乘同除问题的求解，用不到衰分术，却编入衰分章。

第三个缺点是，对数学概念没有给出定义。

第四个缺点是，对数学公式、解法，没有推导和证明。

当然，这并不是说，在得出这些公式、解法时没有推导。因为有的公式或解法非常复杂，无法由直观或悟性得出。比如，刘徽的《九章算术注》中记载的棋验法，就是《九章算术》时代推导多面体体积公式的方法。

《九章算术》的这些缺点，长期影响着中国古典数学的表达方式。后来的数学著作，除了刘徽的《九章算术注》等少数例外，大都没有定义和推导。

《九章算术》具有什么现代价值？

《九章算术》是2000多年前的古代著作，现在对它进行学习和研究，还有什么现实意义吗？《九章算术》所蕴含的思想和方法，仍然具有极大的现代价值。至少在以下几个方面，很有意义。

其一，有利于促进中小学数学教学改革。

中国古典数学，在延续了2000多年后，在20世纪初中断。此后，中国数学融入世界统一的现代数学，这当然是历史的进步。但是，在现代数学教育中，完全剔除中国古典数学，则是不可取的。

事实上，中国古典数学，特别是《九章算术》以及刘徽的《九章算术注》中的许多思想和方法，不但与现代中小学数学教学内容高度契合，而且有的思想和方法，比现行教材还优越。

比如，掌握了《九章算术》和刘徽《九章算术注》中的位值制、机械化思想和几何问题的代数化等特点，就能使学生更容易掌握数学方法。倘使中小学数学教学，能汲取《九章算术》和刘徽《九章算术注》中的思想和方法，会大大改善中小学生的学习效果。

其二，《九章算术》对现代数学前沿研究，具有启迪作用。

《九章算术》对现代数学研究，是否具有启迪作用呢？著名数学家吴文俊院士给出了肯定的回答。他说，"由于近代计算机的出现，其所需数学的方式方法，正与《九章算术》传统的算法体系若合符节"。这就是说，计算机所需数学的方式方法，与《九章算术》的算法体系完全吻合。

实际上，《九章算术》中的大多数算法可以毫无困难地转化为程序，用计算机来实现。吴文俊先生由此开创了数学机械化理论，在国际数学界引起了巨大反响。这一重大成果，成为吴文俊先生荣获我国首届国家最高科学技术奖的重要原因。吴文俊先生的这项成就，正是《九章算术》中的思想和方法启迪现代数学研究的典型案例。

其三，有利于弘扬中国传统文化，促进中外文化交流。

数学是中国古代最为发达的基础科学之一，而《九章算术》和刘徽《九章算术注》先后奠定了中国古典数学的基本框架和理论基础，登上了当时世界数学研究的高峰，有力地驳斥了中国古代没有科学的观点。

然而，长期以来，西方学术界对中国古代数学有许多偏见，除了少数欧洲中心论者外，大多数是因为他们不了解《九章算术》和刘徽《九章算术注》。而国内学术界偏见的源头在国外。因此，向世界原原本本地介绍《九章算术》和刘徽《九章算术注》，是中国学者的重要任务。这也是开展中外文化交流，使外国人了解中国古代文明的一项重要工作。

中　篇

九章算术(节选)

第一卷　方田^[1]

一、长方形面积

原文

今有田广十五步，从十六步^[2]。 问：为田几何^[3]？

答^[4]曰：一亩^[5]。

方田术曰^[6]：广从步数相乘得积步^[7]。

今有田广一里^[8]，从一里。 问：为田几何？

答曰：三顷七十五亩^[9]。

里田术曰：广从里数相乘得积里^[10]。 以三百七十五乘之，即亩数。

译文

假设一块田宽 15 步，长 16 步。问：田的面积有多少？

答：1 亩。

方田术：宽与长的步数相乘，便得到积步。

假设一块田宽 1 里，长 1 里。问：田的面积有多少？

答：3 顷 75 亩。

里田术：宽与长的里数相乘，便得到积里。以 375 亩乘之，就是亩数。

注释

[1]方田:九数之一。刘徽注关于方田的解题说"为了处理田地等的面积",传统的方田讨论各种面积问题和分数四则运算。狭义的方田,后来又称为直田,即长方形的田,如图1-1所示。

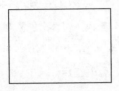

图1-1 直田

[2]今:连词,表示假设,相当于"若""假如"。今有:假设有,《九章算术》问题的起首方式。当一条术文有多个例题时,则从第二题起用"又有"。广:一般指物体的宽度,也指阔。不过中国古代的广、从有方向的意义,广指东西方向,又常称为横。从(zòng):中国古代表示南北的长度,后来常作纵,现今常理解为长。战国末期秦与六国的战略分别称为连横与合纵,也是由东西、南北的方向而来。因此,广未必比从短。本书中一般将"广"译为"宽",将"从"译为"长"。

[3]几何:若干,多少。中国古典数学问题的发问语。明末利玛窦与徐光启合译欧几里得的 *Element*,定名为《几何原本》,"几何"实际上是拉丁文 mathematica 的中译,指整个数学。后来日本将 geometria 译作几何学,传到

中国,几何便成为数学中关于空间形式的学问。

[4] 答:同"答"。荅本是小豆之名,后来借为对答之答。本书凡引《九章算术》原文皆用"荅"字,而译文则全部用"答"。

[5] 亩:古代的土地面积单位。《九章算术》中1亩为240步,此处的"步"实际上是步^2。将这个问题中的广$a=15$步、从$b=16$步代入下文的方田术(1-1)式,得到

$$S=15 \text{ 步} \times 16 \text{ 步} = 240 \text{ 步}^2 = 1 \text{ 亩}。$$

[6] 术:方法,计算程序。

[7] 设方田的面积为S,广、从分别是a,b,则长方形的面积公式是

$$S=ab, \tag{1-1}$$

积步:是《九章算术》提出的表示面积的概念,也是面积的单位,即步之积。将1步长的线段在平面上积累起来,长b步,就是b积步,常简称为b步,步即今天的平方步。下文的积尺、积寸、积里等与此类似。由此又引申出积分等概念。

[8] 里:长度单位,秦汉时1里为300步。

[9] 1顷$=100$亩。将这个问题中的广$a=1$里、从$b=1$里代入(1-1)式,得到

$$S=1 \text{ 里} \times 1 \text{ 里} = 300 \text{ 步} \times 300 \text{ 步}$$
$$=90000 \text{ 步}^2 = 375 \text{ 亩} = 3 \text{ 顷} 75 \text{ 亩}。$$

[10] 以里为单位的田地的面积求法,其公式与方田术(1-1)式相同。

二、分数四则运算

(一) 分数的约简

原文

今有十八分之十二。 问: 约之得几何[1]？

答曰: 三分之二[2]。

约分术[3]曰: 可半者半之[4]；不可半者，副置分
母、子之数，以少减多，更相减损，求其等也[5]。
以等数约之[6]。

译文

假设有$\dfrac{12}{18}$。问：约简它，得多少？

答：$\dfrac{2}{3}$。

约分术：可以取分子、分母一半的，就取它们的一半；
否则，就在旁边布置分母、分子，以小减大，辗转相
减，求出它们的最大公约数。用最大公约数约简之。

注释

[1] 约：本义是缠束，引申为简要，约简。

[2] 由约分术，18 与 12 都可被 2 整除，得到 9 与 6，
两者辗转相减：$9-6=3$，$6-3=3$，得到最大公约数 3。

以 3 约简 9 得到 3，约简 6 得到 2，于是$\dfrac{12}{18}=\dfrac{2}{3}$。

[3] 约分：约简分数。约分术就是约简分数的方法。

[4] 这是说可以取其一半的就取其一半。亦即分子、分母都可以被 2 除。

[5] 副：贰，次要的。置，布置。副置就是在旁边布置算筹。更相减损：相互减损，是一种与辗转相除法异曲同工的运算程序。更相就是相互。减损就是减少。等是等数的简称，即今之最大公约数。由于它是分子、分母更相减损，至两者的余数相等而得出的，因此得名。

[6] 这是说以最大公约数同时除分子与分母。

(二) 分数的加减法

1. 分数加法

原文▶

又有三分之二，七分之四，九分之五。 问： 合之得几何[1]？

答曰： 得一、六十三分之五十[2]。

合分术[3]曰： 母互乘子，并以为实。 母相乘为法。 实如法而一[4]。 不满法者，以法命之[5]。 其母同者，直相从之[6]。

译文▶

又假设有 $\frac{2}{3}$, $\frac{4}{7}$, $\frac{5}{9}$。问：将它们相加，得多少？

答：得 $1\frac{50}{63}$。

合分术：分母互乘分子，相加作为被除数。分母相乘作为除数。被除数除以除数。被除数的余数小于除数，就用除数命名一个分数。如果分母本来就相同，便直接将它们相加。

注释

[1] 这是合分术的第二个例题。合：聚合、聚集，引申为合并、相加。

[2] 将分数 $\frac{2}{3}$，$\frac{4}{7}$ 和 $\frac{5}{9}$ 代入下文的分数加法法则(1-2)式，得到

$$\frac{2}{3}+\frac{4}{7}+\frac{5}{9}=\frac{2\times7\times9}{3\times7\times9}+\frac{4\times3\times9}{3\times7\times9}+\frac{5\times3\times7}{3\times7\times9}$$

$$=\frac{126}{189}+\frac{108}{189}+\frac{105}{189}=\frac{339}{189}=1\frac{150}{189}=1\frac{50}{63}。$$

[3] 合分：将分数相加。合分术就是分数加法法则。

[4] 这是分数加法法则：设各个分数分别是 $\frac{a_1}{b_1}$，$\frac{a_2}{b_2}$，$\cdots$，$\frac{a_n}{b_n}$，则

$$\frac{a_1}{b_1}+\frac{a_2}{b_2}+\cdots+\frac{a_n}{b_n}$$

$$=\frac{a_1b_2\cdots b_n}{b_1b_2\cdots b_n}+\frac{a_2b_1b_3\cdots b_n}{b_1b_2\cdots b_n}+\cdots+\frac{a_nb_1b_2\cdots b_{n-1}}{b_1b_2\cdots b_n}$$

$$=\frac{a_1b_2\cdots b_n+a_2b_1b_3\cdots b_n+\cdots+a_nb_1b_2\cdots b_{n-1}}{b_1b_2\cdots b_n}。 \quad (1\text{-}2)$$

现今的被除数古代称为"实",因为所分的都是实在的东西。除数称为"法",法的本义是标准,也就是分割的标准。古代除法的过程称为"实如法而一"(对抽象性的计算)或"实如法得一尺"(或其他单位,对具体的计算)。这里分数的加法没有用到分母的最小公倍数。

〔5〕这是说以法为分母命名一个分数。命:命名。

〔6〕这是说如果各个分数的分母相同,就直接相加。直:径直,直接。从:本义是随从,这里是"加"的意思。

2. 分数减法

原文

今有九分之八,减其五分之一。 问:余几何?

答曰: 四十五分之三十一[1]。

减分术[2]曰: 母互乘子,以少减多,余为实。 母相乘为法。 实如法而一[3]。

今有八分之五,二十五分之十六。 问:孰多[4]? 多几何?

答曰: 二十五分之十六多,多二百分之三[5]。

课分术[6]曰: 母互乘子,以少减多,余为实。 母相乘为法。 实如法而一,即相多也[7]。

译文

假设有 $\frac{8}{9}$,它减去 $\frac{1}{5}$。问:剩余是多少?

答:余 $\frac{31}{45}$。

减分术：分母互乘分子，以小减大，余数作为被除数。分母相乘作为除数。被除数除以除数。

假设有 $\frac{5}{8}$，$\frac{16}{25}$。问：哪个多？多多少？

答：$\frac{16}{25}$ 多，多 $\frac{3}{200}$。

课分术：分母互乘分子，以小减大，余数作为被除数。分母相乘作为除数。被除数除以除数，就得到多出来的数。

注释▸

[1] 将分数 $\frac{8}{9}$ 和 $\frac{1}{5}$ 代入下文的分数减法法则（1-3）式，得到 $\frac{8}{9}-\frac{1}{5}=\frac{8\times5}{9\times5}-\frac{1\times9}{5\times9}=\frac{40-9}{45}=\frac{31}{45}$。

[2] 减分：将分数相减。减分术就是分数减法法则。

[3] 这是分数减法法则，若 $\frac{a}{b}>\frac{c}{d}$，则

$$\frac{a}{b}-\frac{c}{d}=\frac{ad}{bd}-\frac{bc}{bd}=\frac{ad-bc}{bd}。 \qquad (1\text{-}3)$$

[4] 孰：哪个。

[5] 将分数 $\frac{5}{8}$ 与 $\frac{16}{25}$ 通分，分别变成 $\frac{5\times25}{8\times25}=\frac{125}{200}$ 与 $\frac{16\times8}{25\times8}=\frac{128}{200}$，可见 $\frac{16}{25}$ 比 $\frac{5}{8}$ 多。由分数减法法则（1-3）式，多 $\frac{16}{25}-\frac{5}{8}=\frac{128}{200}-\frac{125}{200}=\frac{3}{200}$。

[6]课：考察、考核。课分就是考察分数的大小。课分术就是比较分数大小的方法。

[7]课分术的程序与减分术(1-3)式基本相同。明代的著作常将两者归结为同一术，或称为减分术，或称为课分术。

（三）求分数的平均值

原文

今有三分之一，三分之二，四分之三。 问： 减多益少，各几何而平[1]？

　　　答曰： 减四分之三者二，三分之二者一，并，以益三分之一，而各平于十二分之七[2]。

平分术[3]曰： 母互乘子，副并为平实[4]。 母相乘为法。 以列数乘未并者各自为列实。 亦以列数乘法[5]。 以平实减列实[6]，余，约之为所减[7]。 并所减以益于少[8]。 以法命平实，各得其平[9]。

译文

假设有 $\frac{1}{3}$，$\frac{2}{3}$，$\frac{3}{4}$。问：减大的数，加到小的数上，各多少而得到它们的平均值？

　　　答：减 $\frac{3}{4}$ 的是 $\frac{2}{12}$，减 $\frac{2}{3}$ 的是 $\frac{1}{12}$，将它们相加，增加到 $\frac{1}{3}$ 上，各得平均值是 $\frac{7}{12}$。

平分术:分母互乘分子,在旁边将它们相加作为均等的被除数。分母相乘作为除数。以分数的个数乘尚未相加的分子各自作为带有列数的被除数。同时以分数的个数乘除数。用均等的被除数减带有列数的被除数,用除数将其余数约简,作为应该从大的数中减去的分子。将应该减去的分子相加,增加到小的分子上。用除数除带有列数的被除数,便得到各分数的平均值。

> **注释** ▶

[1] 益:增加。平:平均值。

[2] 此处"二""一"都是以 12 为分母的分数的分子。这是说从 $\frac{3}{4}$ 减 $\frac{2}{12}$,从 $\frac{2}{3}$ 减 $\frac{1}{12}$,将 $\frac{2}{12} + \frac{1}{12} = \frac{3}{12}$ 加到 $\frac{1}{3}$ 上,得到它们的平均值

$$\frac{3}{12} + \frac{1}{3} = \frac{3}{12} + \frac{4}{12} = \frac{7}{12}。$$

这实际上是将分母先置于旁边。

[3] 平分:求几个分数的平均值。平分术就是求几个分数的平均值的方法。以求三个分数 $\frac{a}{b}, \frac{c}{d}, \frac{e}{f}$ 的平均值为例。列数是 3。

[4] 并:加。母互乘子,副并为平实:分母互乘分子,就是齐其子。在旁边求它们的和,即为均等的被除数。分子分别得 adf, bcf, bde,均等的被除数就是

$adf + bcf + bde$。

[5] 分母相乘就是同其分母，得 bdf，称为法，即除数。未并者指相齐后尚未相加的分子。以列数乘之，分别得到带有列数的被除数，即 $3adf$，$3bcf$，$3bde$。又以列数乘除数，得 $3bdf$，仍称为除数。这里体现了位值制。

[6] 以均等的被除数减带有列数的被除数，分别得到 $3adf - (adf + bcf + bde)$，$3bcf - (adf + bcf + bde)$，$3bde - (adf + bcf + bde)$。

[7] 约之为所减：是指以均等的被除数减带有列数的被除数得到的余数与除数 $3bdf$ 约简，作为应该从大的数中减去的分子。

[8] 这是说将应该减去的分子相加，增加到小的分子上。

[9] 法：指列数与原"法"之积，即除数 $3bdf$。之所以仍称为"法"，即除数，是因为此位置为"法"，是位值制的一种表示。这是说以除数除均等的被除数，得到平均值，即 $\dfrac{adf + bcf + bde}{3bdf}$。

(四) 分数乘除法

1. 分数除法

原文

又有三人三分人之一，分六钱三分钱之一、四分钱之三[1]。 问：人得几何？

答曰：人得二钱八分钱之一[2]。

经分术[3]曰：以人数为法，钱数为实，实如法而一。有分者通之[4]；重有分者同而通之[5]。

译文

又假设有 $3\frac{1}{3}$ 人分 $6\frac{1}{3}$ 钱、$\frac{3}{4}$ 钱。问：每人得多少？

答：每人得 $2\frac{1}{8}$ 钱。

经分术：把人数作为除数，钱数作为被除数，被除数除以除数。如果有分数，就将其通分。有双重分数的，就要化成同分母而使它们通达。

注释

[1] 此是经分术第二个例题。"三人三分人之一"就是 $3\frac{1}{3}$ 人。这是要计算 $\left(6\frac{1}{3}\text{钱}+\frac{3}{4}\text{钱}\right)\div 3\frac{1}{3}$ 人。这是被除数与除数都是分数，而且被除数是 2 个分数之和的情形。

[2] 先求出被除数是

$6\frac{1}{3}\text{钱}+\frac{3}{4}\text{钱}=\frac{19}{3}\text{钱}+\frac{3}{4}\text{钱}=\frac{76}{12}\text{钱}+\frac{9}{12}\text{钱}=\frac{85}{12}\text{钱}。$

将 $3\frac{1}{3}\text{人}=\frac{10}{3}\text{人}$ 和 $\frac{85}{12}$ 钱代入下文的经分术即(1-5)式,得

$\frac{85}{12}\text{钱}\div\frac{10}{3}\text{人}=\frac{85}{12}\text{钱}\div\frac{10\times4}{3\times4}\text{人}$

$$=\frac{85}{40}钱/人=2\frac{5}{40}钱/人=2\frac{1}{8}钱/人。$$

[3] 经：划分，分割。经分的本义是分割分数，也就是分数相除。经分术就是分数除法法则。《九章算术》的例题中被除数都是分数，而除数可以是分数也可以是整数。

[4] 这是指实即被除数是分数，法即除数是整数的情形。与现今不同的是此时需要先将被除数与除数通分，然后将被除数与除数相除，其法则是

$$\frac{a}{b} \div d = \frac{a}{b} \div \frac{bd}{b} = \frac{a}{bd}。 \tag{1-4}$$

[5] 重(chóng)有分是分数除分数的情形，将除写成分数的关系，就是现今的繁分数。其法则是

$$\frac{a}{b} \div \frac{c}{d} = \frac{ad}{bd} \div \frac{bc}{bd} = \frac{ad}{bc}。 \tag{1-5}$$

这里没有用到颠倒相乘法。

2. 分数乘法

原文 ►

又有田广五分步之四，从九分步之五[1]。 问：为田几何？

答曰： 九分步之四[2]。

乘分术[3]曰： 母相乘为法，子相乘为实，实如法而一[4]。

今有田广三步三分步之一，从五步五分步之二。 问：为田几何？

答曰：十八步[5]。

大广田术[6]曰：分母各乘其全，分子从之，相乘
为实。分母相乘为法。实如法而一[7]。

译文

又假设有一块田，宽$\frac{4}{5}$步，长$\frac{5}{9}$步。问：田的面积是多少？

答：$\frac{4}{9}$步²。

乘分术：分母相乘作为除数，分子相乘作为被除数，
被除数除以除数。

假设有一块田，宽$3\frac{1}{3}$步，长$5\frac{2}{5}$步。问：田的面积是多少？

答：18步²。

大广田术：分母分别乘自己的整数部分，加入分子，
互相乘作为被除数。分母相乘作为除数。被除数除
以除数。

注释

[1] 这是乘分术的第三个例题。将$\frac{4}{5}$与$\frac{5}{9}$通分，分别

得到$\frac{36}{45}$与$\frac{25}{45}$，于是$\frac{4}{5}$步$>\frac{5}{9}$步。此问是宽大于长的情形。

[2] 将两个分数$\frac{4}{5}$步、$\frac{5}{9}$步代入下文的乘分术(1-6)式，

得到

$$\frac{4}{5}步\times\frac{5}{9}步=\frac{4}{9}步^2。$$

［3］乘分：分数相乘。乘分术就是分数相乘的方法。

［4］母相乘为法，子相乘为实，实如法而一：此即分数乘法法则

$$\frac{a}{b}\times\frac{c}{d}=\frac{ac}{bd}。 \tag{1-6}$$

［5］将两个分数 $3\frac{1}{3}$ 步、$5\frac{2}{5}$ 步代入下文的大广田术 (1-7)式，得到

$$3\frac{1}{3}步\times5\frac{2}{5}步=\frac{10}{3}步\times\frac{27}{5}步=\frac{270}{15}步^2=18步^2。$$

［6］大广田：指宽、长是带分数的田地。

［7］设两个带分数为 $a+\dfrac{c}{d}$ 和 $b+\dfrac{e}{f}$，其中 a、b 分别是两个分数的整数部分。其法则就是

$$\left(a+\frac{c}{d}\right)\left(b+\frac{e}{f}\right)=\frac{ad+c}{d}\times\frac{bf+e}{f}$$
$$=\frac{(ad+c)(bf+e)}{df}。 \tag{1-7}$$

三、多边形面积

(一) 三角形

原文

今有圭田广十二步[1]，正从二十一步[2]。问：为田几何？

　　　　答曰：一百二十六步[3]。

　　术曰：半广以乘正从[4]。

译文

假设有一块圭田，宽 12 步，高 21 步。问：田的面积是多少？

　　答：126 步²。

　　术：用宽的一半乘高。

注释

　　[1] 圭：本是古代帝王、诸侯举行隆重仪式所执玉制礼器，上尖下方。圭田：本是古代供卿、大夫、士祭祀用的田地，呈三角形，如图 1-2 所示。

　　[2] 正从：三角形的高。

　　[3] 将这个例题中的宽 $a=12$ 步、高 $h=21$ 步代入下文的圭田术(1-8)式，得到

$$S=\frac{12 \, 步}{2} \times 21 \, 步 = 126 \, 步^2 。$$

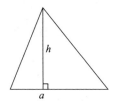

图 1-2　圭田

[4] 这是三角形田地的面积公式

$$S = \frac{a}{2} \times h,\qquad\qquad (1\text{-}8)$$

其中 S, a, h 分别是三角形田地的面积、宽和高。

(二) 梯形

原文

今有邪田[1]，一头广三十步，一头广四十二步，正从六十四步[2]。问：为田几何？

　　　答曰：九亩一百四十四步[3]。

　　术曰：并两邪而半之，以乘正从若广[4]。又可半正从若广，以乘并[5]。亩法而一[6]。

今有箕田，舌广二十步，踵广五步[7]，正从三十步。问：为田几何？

　　　答曰：一亩一百三十五步[8]。

　　术曰：并踵、舌而半之，以乘正从[9]。亩法而一。

译文

假设有一块斜田,一头宽 30 步,另一头宽 42 步,正高 64 步。问:田的面积是多少?

　　答:9 亩 144 步^2。

　　术:求与斜边相邻两宽或两长之和,取其一半,以乘正长或正宽。又可以取其正长或正宽的一半,用以乘两宽或两长之和。除以亩法。

假设有一块箕田,舌处宽 20 步,踵处宽 5 步,正长 30 步。问:田的面积是多少?

　　答:1 亩 135 步^2。

　　术:求踵、舌处的两宽之和而取其一半,以它乘正长。除以亩法。

注释

　　[1] 邪:斜。邪田:直角梯形。此问的邪田如图 1-3 所示。

　　[2] 正从:高。

　　[3] 将这一例题中的一头宽 $a_1 = 30$ 步、一头宽 $a_2 = 42$ 步、高 $h = 64$ 步代入下文的邪田面积公式(1-9),得到

$$S = \frac{30 \ \text{步} + 42 \ \text{步}}{2} \times 64 \ \text{步} = 2304 \ \text{步}^2 = 9 \ \text{亩} \ 144 \ \text{步}^2 。$$

　　[4] 两邪:指与邪边相邻的两个宽或两个长。这是古汉语中实词活用的修辞方式。若:训或,或者。这是说以并两邪而半之乘高或宽,从而给出邪田面积公式

$$S = \frac{a_1 + a_2}{2} \times h, \tag{1-9}$$

其中 S, a_1, a_2, h 分别是邪田的面积、两头宽和高。

[5] 这是邪田面积的另一公式

$$S = (a_1 + a_2) \times \frac{h}{2}。 \tag{1-10}$$

[6] 240 步^2 为 1 亩，因而作为亩法。此即步^2 的数量除以 240 步^2，便得到亩数。

[7] 箕(jī)田：是形如簸箕的田地，即一般的梯形，如图 1-4 所示。箕：簸箕，簸米去糠的器具。踵：脚后跟。舌和踵分别是梯形的上底与下底。

图 1-3 邪田

图 1-4 箕田

[8] 将这一例题中的舌宽 $a_1 = 20$ 步、踵宽 $a_2 = 5$ 步，高 $h = 30$ 步代入箕田面积公式 (1-9)，得到

$$S = \frac{20 \ 步 + 5 \ 步}{2} \times 30 \ 步 = 375 \ 步^2 = 1 \ 亩 \ 135 \ 步^2。$$

[9] 此给出箕田面积公式 $S = \frac{a_1 + a_2}{2} \times h$，其中 $S, a_1,$ a_2, h 分别是箕田的面积、舌宽、踵宽和高，与 (1-9) 式相同。

四、曲边形面积

(一)圆

原文

今有圆田,周三十步,径十步[1]。 问:为田几何?

答曰: 七十五步[2]。

术曰: 半周半径相乘得积步[3]。

又术曰: 周、径相乘,四而一[4]。

又术曰: 径自相乘,三之,四而一[5]。

又术曰: 周自相乘,十二而一[6]。

译文

假设有一块圆田,周长 30 步,直径 10 步。问:田的面积是多少?

答:75 步^2。

术:半周与半径相乘便得到圆面积的积步。

又术:圆周与直径相乘,除以 4。

又术:圆直径自乘,乘以 3,除以 4。

又术:圆周自乘,除以 12。

注释

[1] 圆田:即圆,如图 1-5 所示。

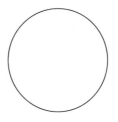

图 1-5　圆

［2］直径 $d=10$ 步,那么半径为 $r=5$ 步。将圆周 $L=30$ 步、半径 $r=5$ 步代入下文的圆面积公式(1-11),得到

$$S=\frac{1}{2}\times 30\ 步 \times 5\ 步=75\ 步^2。$$

或将圆周 $L=30$ 步、直径 $d=10$ 步直接代入(1-12)式亦可。

［3］此即圆面积公式

$$S=\frac{1}{2}Lr。 \tag{1-11}$$

其中 S,L,r 分别是圆的面积、周长和半径。这个公式是准确的,只是例题中的周、径按周 3 径 1 取值,得不出准确的值。

［4］记圆直径为 d,此即圆面积的又一公式

$$S=\frac{1}{4}Ld。 \tag{1-12}$$

［5］此即圆面积的第三个公式

$$S=\frac{3}{4}d^2。 \tag{1-13}$$

(1-13)式对应于 π＝3,因而是不精确的公式。

[6] 此即圆面积的第四个公式

$$S = \frac{1}{12}L^2 \text{。} \tag{1-14}$$

(1-14)式也对应于 π＝3,因而也是不精确的。

(二) 曲面形——宛田

原文

今有宛田,下周三十步,径十六步[1]。 问: 为田几何?

　　　　答日: 一百二十步[2]。

　　　　术日: 以径乘周,四而一[3]。

译文

假设有一块宛田,下周长 30 步,穹径 16 步。问:田的面积是多少?

　　　　答:120 步[2]。

　　　　术:以穹径乘下周,除以 4。

注释

　　[1]宛田:类似于球冠的曲面形。其径指宛田表面上穿过顶心的大弧,如图 1-6 所示。

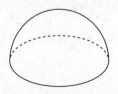

图 1-6 宛田

[2] 将这一例题中的周 $L=30$ 步、径 $D=16$ 步代入下文的(1-15)式,得到

$$S=\frac{1}{4}\times 30 \text{ 步} \times 16 \text{ 步} = 120 \text{ 步}^2。$$

[3] 此是《九章算术》提出的宛田面积公式

$$S=\frac{1}{4}LD \qquad\qquad (1\text{-}15)$$

其中 S,L,D 为宛田的面积、下周和径。刘徽指出这个公式是错误的。

(三)弓形——弧田

原文

今有弧田,弦三十步,矢十五步[1]。 问: 为田几何?

答曰: 一亩九十七步半[2]。

术曰: 以弦乘矢,矢又自乘,并之,二而一[3]。

译文

假设有一块弓形田,弦是 30 步,矢是 15 步。问:田的面积是多少?

答:1 亩 97$\frac{1}{2}$步^2。

术:以弦乘矢,矢又自乘,两者相加,除以 2。

注释

[1] 弧田:即今之弓形,如图 1-7 所示。弦是连接弧的两端的直线,矢是弓形所在圆半径上的部分,它垂直于弦。

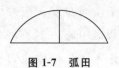

图 1-7　弧田

[2] 将这一例题的弦 $c = 30$ 步、矢 $v = 15$ 步代入下文的弓形面积公式(1-16),得到

$$S = \frac{1}{2}[30 \text{ 步} \times 15 \text{ 步} + (15 \text{ 步})^2]$$

$$= \frac{1}{2}(450 \text{ 步}^2 + 225 \text{ 步}^2) = 337\frac{1}{2} \text{ 步}^2 = 1 \text{ 亩 } 97\frac{1}{2} \text{ 步}^2 。$$

[3] 设 S, c, v 分别是弓形的面积、弦和矢,此即弓形面积公式

$$S = \frac{1}{2}(cv + v^2) 。 \tag{1-16}$$

(四)圆环——环田

原文▶

今有环田,中周九十二步,外周一百二十二步,径五步[1]。 问:为田几何?

　　荅曰:二亩五十五步[2]。

又有环田,中周六十二步四分步之三,外周一百一十三步二分步之一,径十二步三分步之二[3]。 问:为田几何?

　　荅曰:四亩一百五十六步四分步之一[4]。

　　术曰:并中、外周而半之,以径乘之,为积步[5]。

　　密率术曰[6]: 置中、外周步数,分母、子各居其

下。 母互乘子，通全步，内分子。 以中周减外周，余半之，以益中周。 径亦通分内子，以乘周为密实。 分母相乘为法。 除之为积步，余，积步之分。 以亩法除之，即数也[7]。

译文

假设有一块圆环田，中周长 92 步，外周长 122 步，环径 5 步。问：圆环田的面积是多少？

　　答：2 亩 55 步^2。

又假设有一块圆环田，中周长 $62\frac{3}{4}$ 步，外周长 $113\frac{1}{2}$ 步，环径 $12\frac{2}{3}$ 步。问：圆环田的面积是多少？

　　答：4 亩 $156\frac{1}{4}$ 步^2。

术：中周长与外周长相加，取其一半，乘以环径长，就是积步。

密率术：布置中周长、外周长的步数，它们的分子、分母各布置在下方，分母互乘分子，将整数部分通分，纳入分子。以中周长减外周长，取其余数的一半，增加到中周长上。对环径亦通分，纳入分子。以它乘周长，作为精密被除数。周长、径长的分母相乘，作为除数。被除数除以除数，就是积步；余数是积步中的分数。以亩法除之，就是亩数。

注释

[1] 环田:即今天的圆环,如图 1-8(1)所示。中周:圆环内圆的周长。外周:圆环外圆的周长。径:中外周之间的距离。

[2] 将这一例题中的中周 $L_1 = 92$ 步、外周 $L_2 = 122$ 步、径 $d = 5$ 步代入下文的(1-17)式,得到

$$S = \frac{1}{2}(92\ \text{步} + 122\ \text{步}) \times 5\ \text{步} = 535\ \text{步}^2 = 2\ \text{亩}\ 55\ \text{步}^2 。$$

[3] 此问的环田为 $240°$ 的环缺,如图 1-8(2)所示。

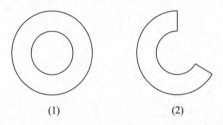

(1)   (2)

图 1-8 圆环

[4] 将这一例题中的中周 $L_1 = 62\frac{3}{4}$ 步、外周 $L_1 = 113\frac{1}{2}$ 步、径 $d = 12\frac{2}{3}$ 步代入下文的(1-17)式,得

$$S = \frac{1}{2}\left(62\frac{3}{4}\ \text{步} + 113\frac{1}{2}\ \text{步}\right) \times 12\frac{2}{3}\ \text{步}$$

$$= \frac{1}{2}\left(\frac{251}{4}\ \text{步} + \frac{227}{2}\ \text{步}\right) \times \frac{38}{3}\ \text{步} = \frac{1}{2} \times \frac{705}{4}\ \text{步} \times \frac{38}{3}\ \text{步}$$

$$= \frac{4465}{4} \, 步^2 = 1116 \frac{1}{4} \, 步^2 = 4 \, 亩 \, 156 \frac{1}{4} \, 步^2 。$$

[5] 此即圆环面积公式

$$S = \frac{1}{2}(L_1 + L_2)d 。 \qquad (1\text{-}17)$$

[6] 此术是针对各项数值都带有分数的情形而设的，比关于整数的上术精密，故称"密率术"。

[7] 用现代符号写出，此术也是(1-17)式。

第二卷　粟米[1]

一、今有术——比例算法

原文

粟米之法[2]：

粟率五十	粝米三十[3]
粺米二十七[4]	糳米二十四[5]
御米二十一[6]	小𪍿十三半[7]
大𪍿五十四[8]	粝饭七十五
粺饭五十四	糳饭四十八
御饭四十二	菽[9]、荅[10]、麻[11]、
	麦各四十五
稻六十	豉六十三[12]
飧九十[13]	熟菽一百三半
蘖一百七十五[14]	

译文

粟米之率：

粟率 50	粝米 30
粺米 27	糳米 24
御米 21	小𪖚 13 $\frac{1}{2}$
大𪖚 54	粝饭 75
粺饭 54	糳饭 48
御饭 42	菽、荅、麻、麦各 45
稻 60	豉 63
飧 90	熟菽 103 $\frac{1}{2}$
糵 175	

注释 ▸

[1] 粟米：泛指谷类，粮食。粟：古代泛指谷类，又指谷子。"粟米"作为一类数学问题是"九数"之二，本是处理抵押交换问题。

[2] 粟米之法：这里是互换的标准，即各种粟米的率。法：标准。

[3] 粝米：糙米，有时省称为米。

[4] 粺米：精米。

[5] 糳（zuò）米：舂过的精米。糳：本义是舂。

[6] 御米：供宫廷食用的米。

[7] 𪖚（zhí）：麦屑。小𪖚：细麦屑。

[8] 大𪖚：粗麦屑。

[9] 菽：大豆。又，豆类的总称。

[10] 荅：小豆。

[11] 麻：古代指大麻，亦指芝麻。此指后者。

[12] 豉(chǐ)：用煮熟的大豆发酵后制成的食品。

[13] 飧(sūn)：熟食，夕食。

[14] 糵(niè)：曲糵。

原文

今有术曰[1]：以所有数乘所求率为实，以所有率为法。实如法而一[2]。

今有粟一斗，欲为粝米。问：得几何？

荅曰：为粝米六升。

术曰：以粟求粝米，三之，五而一[3]。

译文

今有术：以所有数乘所求率作为被除数，以所有率作为除数。被除数除以除数。

假设有 1 斗粟，想换成粝米。问：得多少？

答：换成 6 升粝米。

术：由粟求粝米，乘以 3，除以 5。

注释

[1] 今有术：即今之三率法，或称三项法(rule of three)。一般认为，此法源于印度。但印度婆罗门笈多才通晓此法

(公元 628 年)，所使用的术语的意义也与《九章算术》相近。

[2] 所有数：现有物品的数量。所求率：所求物品的率。所有率：现有物品的率。今有术就是：已知所有数 A、所有率 a 和所求率 b，求所求数 B 的公式为

$$B = Ab \div a \quad 。 \qquad (2\text{-}1)$$

[3]"三之，五而一"是乘以 3，除以 5，或说以 3 乘，以 5 除。将粟率 50，粝米率 30 退位约简为粟率 $a = 5$，粝米率 $b = 3$，将其与这一例题中的所有数 $A = 1$ 斗代入今有术(2-1)式，得到粝米

$$B = 1 \text{ 斗} \times 3 \div 5 = \frac{3}{5} \text{ 斗} = 6 \text{ 升} 。$$

因粟率和粝米率都是 10 的倍数，故只要退位就可约简，得相与之率入算，而不必用 10 除，这反映了十进位值制记数法的优越性。

二、经率术——整数除法与分数除法

(一) 整数除法

原文 ▶

今有出钱一百六十，买瓴甓十八枚[1]。问：枚几何？

　　答曰：一枚，八钱九分钱之八[2]。

　　经率术曰[3]：以所买率为法，所出钱数为实，实如法得一钱[4]。

译文

假设出 160 钱,买 18 枚瓴甓。问:1 枚瓴甓值多少钱?

答:1 枚瓴甓值 $8\frac{8}{9}$ 钱。

经率术:以所买率作为除数,所出钱数作为被除数。被除数除以除数,就得到 1 枚的钱数。

注释

[1] 瓴甓(língpì):长方砖,又称瓴甋(dì)。

[2] 将此例题的所出钱 $A=160$ 钱、所买率 $a=18$ 枚代入下文的(2-2)式,得到一枚瓴甓值的价钱

$$B=160\text{ 钱}\div18=\frac{80}{9}\text{ 钱}=8\frac{8}{9}\text{ 钱}。$$

[3]《九章算术》有两条"经率术"。此条是整数除法法则。

[4] 设所出钱、所买率、单价分别为 A,a,B,则此经率术为

$$B=A\div a。 \tag{2-2}$$

(二) 分数除法

原文

今有出钱五千七百八十五,买漆一斛六斗七升太半升[1]。欲斗率之[2],问:斗几何?

答曰: 一斗,三百四十五钱五百三分钱之一十五[3]。

经率术曰： 以所求率乘钱数为实，以所买率为法，实如法得一[4]。

译文 ◆

假设出 5785 钱，买 1 斛 6 斗 7 $\frac{2}{3}$ 升漆。想以斗为单位计价，问：每斗多少钱？

答：1 斗值 345 $\frac{15}{503}$ 钱。

经率术：以所求率乘出钱数作为被除数，以所买率作为除数，被除数除以除数。

注释 ◆

〔1〕斛：容量单位。1 斛为 10 斗。一斛六斗七升太半升：1 斛 6 斗 7 $\frac{2}{3}$ 升＝16 斗 $\frac{23}{3}$ 升＝16 $\frac{23}{30}$ 斗＝$\frac{503}{30}$ 斗。

〔2〕斗率之：求以斗为单位的价钱。

〔3〕将此例题中的钱数 $a = 5785$ 钱、所求率 $d = 1$ 斗、所买率 $c = 1$ 斛 6 斗 7 $\frac{2}{3}$ 升 ＝ $\frac{503}{30}$ 斗代入下文的 (2-3) 式，得到

$$5785 \text{ 钱} \times 1 \text{ 斗} \div \frac{503}{30} \text{ 斗} = \frac{5785 \text{ 钱} \times 30}{503}$$

$$= \frac{173550 \text{ 钱}}{503} = 345 \frac{15}{503} \text{ 钱}。$$

〔4〕此条经率术是除数为分数的除法，与经分术类

似。由(1-5)式,将被除数 $\dfrac{a}{b}$ 换成整数 a ,便得到

$$a \div \dfrac{c}{d} = \dfrac{ad}{d} \div \dfrac{c}{d} = \dfrac{ad}{c}。 \tag{2-3}$$

三、其率术

(一) 其率术

原文

今有出钱一万三千九百七十,买丝一石二钩二十八斤三两五铢[1]。 欲其贵贱石率之[2],问:各几何?

答曰:

其一钩九两一十二铢,石八千五十一钱;

其一石一钩二十七斤九两一十七铢,石八千五十二钱[3]。

其率术曰[4]: 各置所买石、钩、斤、两以为法,以所率乘钱数为实,实如法而一[5]。 不满法者,反以实减法,法贱实贵[6]。

译文

假设出 13970 钱,买 1 石 2 钩 28 斤 3 两 5 铢丝。想按贵贱以石为单位计价,问:各多少钱?

答:其中 1 钩 9 两 12 铢,1 石值 8051 钱;

其中 1 石 1 钩 27 斤 9 两 17 铢,1 石值 8052 钱。

其率术:布置所买的石、钩、斤、两的数量作为除数,

以所要计价的单位乘钱数作为被除数,被除数除以除数。被除数的余数比除数小的,就反过来用被除数的余数去减除数,除数的余数就是贱的数量,实的余数就是贵的数量。如果求石、钧、斤、两的数,就用积铢数分别除除数和被除数的余数,依次得到石、钧、斤、两的数,每次余下的都是铢数。

[1] 此题钱多物少,用"其率术"求解,而下"铢率之"者,将所买丝化成以铢为单位,物多钱少,用"反其率术"求解。两:重量单位,自古至20世纪50年代一直是1斤为16两,20世纪50年代改成1斤为10两。铢:重量单位。1两为24铢。

$$1\ 石 = 4\ 钧 = 120\ 斤 = 1920\ 两 = 46080\ 铢;$$

$$1\ 钧 = \frac{1}{4}\ 石 = 30\ 斤 = 480\ 两 = 11520\ 铢;$$

$$1\ 斤 = \frac{1}{120}\ 石 = \frac{1}{30}\ 钧 = 16\ 两 = 384\ 铢;$$

$$1\ 两 = \frac{1}{1920}\ 石 = \frac{1}{480}\ 钧 = \frac{1}{16}\ 斤 = 24\ 铢;$$

$$1\ 铢 = \frac{1}{46080}\ 石 = \frac{1}{11520}\ 钧 = \frac{1}{384}\ 斤 = \frac{1}{24}\ 两。$$

[2] 贵贱石率之:以石为单位,求物价,而贵贱差1钱。

[3] $1\ 石\ 2\ 钧\ 28\ 斤\ 3\ 两\ 5\ 铢 = 1\ 石 + \frac{1}{4} \times 2\ 石 + \frac{1}{120} \times 28$

石 $+\dfrac{1}{1920}\times 3$ 石 $+\dfrac{1}{46080}\times 5$ 石 $=\dfrac{46080+23040+10752+72+5}{46080}$

$=\dfrac{79949}{46080}$ 石。将此例题的出钱 $A=13970$ 钱、买丝

$B=\dfrac{79949}{46080}$ 石代入下文的其率术解法(2-4)式,则求贵物单

价 a,买物 m,贱物单价 b,买物 n,要满足 $m+n=\dfrac{79949}{46080}$ 石,

$ma+nb=13970$ 钱,及 $a-b=1$。由(2-5)式,

$$13970 \text{ 钱}\div\dfrac{79949}{46080}\text{石}=8051\text{ 钱/石}+\dfrac{68201}{\dfrac{79949}{46080}}\text{钱/石}。$$

那么 $\dfrac{68201}{46080}$ 石可以增加 1 钱,因此 $\dfrac{68201}{46080}$ 石 $=1$ 石 1 钧 29

斤 9 两 17 铢就是贵的石数,每石 8052 钱。1 石 2 钧 28

斤 3 两 5 铢-1 石 1 钧 29 斤 9 两 17 铢$=1$ 钧 9 两 12 铢

就是贱的石数,每石 8051 钱。

　　[4] 其率:揣度它们的率。其:表示揣度。设钱数为

A,共买物 B,$A>B$,如果贵物单价 a,买物 m,贱物单价

b,买物 n,则其率术是求满足

$$m+n=B$$
$$ma+nb=A \qquad\qquad (2\text{-}4)$$
$$a-b=1$$

的正整数解 m,n,a,b。

　　[5] 这是说其方法是:

$$A\div B=b+\dfrac{m}{B}。\qquad\qquad (2\text{-}5)$$

[6] 这是说被除数的余数比除数小的,就以被除数的余数减除数,除数中的余数就是贱的数量,被除数的余数就是贵的数量。亦即令

$$a=b+1,$$

$$n=B-m,$$

则 m,n 分别是贵的和贱的数量, a,b 分别就是贵的价钱和贱的价钱。

(二) 反其率术

原文

今有出钱一万三千九百七十,买丝一石二钧二十八斤三两五铢。 欲其贵贱铢率之,问: 各几何?

荅曰:

其一钧二十斤六两十一铢,五铢一钱;

其一石一钧七斤一十二两一十八铢,六铢一钱。

反其率[1]术曰: 以钱数为法,所率为实,实如法而一[2]。 不满法者,反以实减法,法少实多[3]。 二物各以所得多少之数乘法、实,即物数[4]。

译文

假设出 13970 钱,买 1 石 2 钧 28 斤 3 两 5 铢丝。想按贵贱以铢为单位计价,问: 各多少钱?

答:其中 1 钧 27 斤 6 两 11 铢,5 铢值 1 钱;

其中 1 石 1 钧 7 斤 12 两 18 铢,6 铢值 1 钱。

反其率术：以出的钱数作为除数，所买物品作为被除数，被除数除以除数。如果被除数的余数比除数小，就反过来用被除数的余数去减除数。那么除数的余数就是买的少的物品的数量，被除数的余数就是买的多的物品的数量。分别用所得到的买的多、少两种物品的数量乘被除数与除数的余数，就得到贱的与贵的物品的数量。

注释

[1] 反其率：与其率相反。仍设钱数为 A，共买物为 B，若 $A < B$，如果贵物单价 a，买物 m，贱物单价 b，买物 n，则反其率术就是求

$$m + n = B$$

$$\frac{m}{a} + \frac{n}{b} = A$$

$$a - b = 1$$

的正整数解 m, n, a, b。

[2] 此即 $B \div A = \dfrac{p}{B}$，$p < A$。

[3] 如果被除数的余数比余数小，就以余实减法，余法就是 1 钱买的少的钱数，被除数的余数就是 1 钱买的多的钱数。即被除数的余数 p 是 1 钱买 $a = b + 1$ 个的钱数。除数的余数 $B - p$ 就是 1 钱买 b 个的钱数。

〔4〕两种东西分别以 1 钱所买的多、少的数乘被除数的余数,得 $m=ap$ 就是 1 钱买的多的东西的数量,$n=b(B-p)$ 就是 1 钱买的少的东西的数量。

第三卷　衰分[1]

一、衰分术

（一）衰分术——按比例分配算法

原文

衰分术曰：各置列衰[2]；副并为法，以所分乘未并者各自为实[3]。实如法而一[4]。不满法者，以法命之[5]。

今有大夫、不更、簪袅、上造、公士[6]，凡五人，共猎得五鹿。欲以爵次分之[7]，问：各得几何？

答曰：

大夫得一鹿三分鹿之二，

不更得一鹿三分鹿之一，

簪袅得一鹿，

上造得三分鹿之二，

公士得三分鹿之一[8]。

术曰：列置爵数，各自为衰。副并为法。以五鹿乘未并者各自为实。实如法得一鹿[9]。

译文

衰分术：分别布置列衰。在旁边将它们相加作为除数。以所分的数量乘尚未相加的列衰，分别作为被除数。被除数除以除数。被除数的余数小于除数的，用除数命名一个分数。

假设大夫、不更、簪袅、上造、公士 5 人，共猎得 5 只鹿。想按爵位的等级分配，问：各得多少？

答：大夫得 $1\frac{2}{3}$ 只鹿，

不更得 $1\frac{1}{3}$ 只鹿，

簪袅得 1 只鹿，

上造得 $\frac{2}{3}$ 只鹿，

公士得 $\frac{1}{3}$ 只鹿。

术：列出爵位的等级，各自作为衰。在旁边将它们相加作为除数，以 5 只鹿乘尚未相加的列衰作为被除数，被除数除以除数，就得到每人应得的鹿数。

注释

[1] 衰（cuī）分是"九数"之三，郑玄引郑众"九数"作"差分"，这是衰分在先秦的名称。"衰"与"差"同义，都是由大到小按一定等级递减。衰分就是按一定的等级进行分配，即按比例分配的算法。

[2] 列衰：列出等级的数量，即各物品的分配比例，设为 $a_i,i=1,2,3\cdots n$。

[3] 副并为法：在旁边将列衰相加，作为除数，即将 $\sum\limits_{j=1}^{n}a_j$ 作为除数。所分：被分配的总量，设为 A。未并者：尚未相加的列衰。这是将尚未相加的列衰与被分配的量相乘即 a_iA 分别作为被除数，$i=1,2,3\cdots n$。

[4] 设各份是 A_i，则

$$A_i=a_iA\div\sum_{j=1}^{n}a_j,\quad i=1,2,3\cdots n。\qquad(3\text{-}1)$$

[5] 以法命之：如果被除数有余数，便用除数命名一个分数。

[6] 大夫、不更、簪袅(niǎo)、上造、公士：官名，起自殷周；又是爵位名。据《汉书》，秦汉分爵位二十级，大夫为第五级，不更为第四级，簪袅为第三级，上造为第二级，公士为第一级。

[7] 爵次：爵位的等级。"爵"本来是商、周时期的酒器，引申为贵族的等级。

[8] 由下文的(3-2)式，求大夫的被除数是 5 鹿 $\times a_1=$ 5 鹿 $\times5=25$ 鹿，求不更的被除数是 5 鹿 $\times a_2=5$ 鹿 $\times4=$ 20 鹿，求簪袅的被除数是 5 鹿 $\times a_3=5$ 鹿 $\times3=15$ 鹿，求上造的被除数是 5 鹿 $\times a_4=5$ 鹿 $\times2=10$ 鹿，求公士的被除数是 5 鹿 $\times a_5=5$ 鹿 $\times1=5$ 鹿。所以

大夫得：25 鹿 $\div15=1\dfrac{2}{3}$ 鹿，

不更得：20 鹿÷15＝$1\frac{1}{3}$ 鹿，

簪袅得：15 鹿÷15＝1 鹿，

上造得：10 鹿÷15＝$\frac{2}{3}$ 鹿，

公士得：5 鹿÷15＝$\frac{1}{3}$ 鹿。

[9] 术文是将衰分术(3-1)式应用于此题，首先列出爵位的等级，即大夫 $a_1＝5$，不更 $a_2＝4$，簪袅 $a_3＝3$，上造 $a_4＝2$，公士 $a_5＝1$，为列衰。再在旁边将列衰相加，即 $\sum_{j=1}^{5} a_j＝5＋4＋3＋2＋1＝15$ 作为除数。以 5 只鹿乘尚未相加的列衰，就是 5 鹿 $\times a_i$，$i＝1,2,3,4,5$，作为实，即被除数。被除数除以除数，就得到每人的鹿数：

$$A_i＝5 \text{鹿} \times a_i÷15, \quad i＝1,2,3 \cdots n。 \quad (3\text{-}2)$$

（二）返衰术——按比例的倒数分配的算法

原文

返衰术曰[1]：列置衰而令相乘，动者为不动者衰[2]。

今有大夫、不更、簪袅、上造、公士凡五人，共出百钱。欲令高爵出少，以次渐多，问：各几何？

荅曰：

大夫出八钱一百三十七分钱之一百四，

不更出一十钱一百三十七分钱之一百三十，

簪袅出一十四钱一百三十七分钱之八十二，

上造出二十一钱一百三十七分钱之一百二十三，

公士出四十三钱一百三十七分钱之一百九[3]。

术曰：置爵数，各自为衰，而返衰之。副并为法。
以百钱乘未并者，各自为实。实如法得一钱[4]。

译文▸

返衰术：布置列衰而使它们相乘，变动了的为不变动
的进行衰分。

假设大夫、不更、簪袅、上造、公士5个人，共出100钱。
想使爵位高的出的少，按顺序逐渐增加，问：各出多少钱？

答：大夫出 $8\frac{104}{137}$ 钱，

不更出 $10\frac{130}{137}$ 钱，

簪袅出 $14\frac{82}{137}$ 钱，

上造出 $21\frac{123}{137}$ 钱，

公士出 $43\frac{109}{137}$ 钱。

术：布置爵位等级数，各自作为列衰，而对之施行返
衰术。在旁边将返衰相加。用100钱乘尚未相加的
返衰，各自作为被除数。被除数除以除数，就得每人
出的钱数。

注释

[1] 返衰:以列衰的倒数进行分配。

[2] 列置衰而令相乘:就是布置列衰,使分母互乘分子,即得到 $a_1 a_2 \cdots a_{i-1} a_{i+1} \cdots a_n$, $i=1,2,\cdots n$ 为列衰。根据刘徽注,《九章算术》的返衰术给出公式

$$A_i = (A a_1 a_2 \cdots a_{i-1} a_{i+1} \cdots a_n) \div \sum_{j=1}^{n} A a_1 a_2 \cdots$$
$$a_{j-1} a_{j+1} \cdots a_n, \ i=1,2,\cdots n。 \tag{3-3}$$

显然,在求 A_i 的时候,用不到以其衰 a_i 乘所分的 A,所以说"动者为不动者衰"。

[3] 由下文的(3-4)式,

大夫出钱的被除数是

$$100 \text{ 钱} \times \frac{1}{a_1} = 100 \text{ 钱} \times \frac{1}{5} = 20 \text{ 钱},$$

不更出钱的被除数是

$$100 \text{ 钱} \times \frac{1}{a_2} = 100 \text{ 钱} \times \frac{1}{4} = 25 \text{ 钱},$$

簪袅出钱的被除数是

$$100 \text{ 钱} \times \frac{1}{a_3} = 100 \text{ 钱} \times \frac{1}{3} = \frac{100}{3} \text{ 钱},$$

上造出钱的被除数是

$$100 \text{ 钱} \times \frac{1}{a_4} = 100 \text{ 钱} \times \frac{1}{2} = 50 \text{ 钱},$$

公士出钱的被除数是

$$100 \text{ 钱} \times a_5 = 100 \text{ 钱} \times 1 = 100 \text{ 钱}。$$

所以大夫出钱为

$$20\ 钱 \div \frac{137}{60} = \frac{1200}{137}\ 钱 = 8\frac{104}{137}\ 钱,$$

不更出钱为

$$25\ 钱 \div \frac{137}{60} = \frac{1500}{137}\ 钱 = 10\frac{130}{137}\ 钱,$$

簪褭出钱为

$$\frac{100}{3}\ 钱 \div \frac{137}{60} = \frac{2000}{137}\ 钱 = 14\frac{82}{137}\ 钱,$$

上造出钱为

$$50\ 钱 \div \frac{137}{60} = \frac{3000}{137}\ 钱 = 21\frac{123}{137}\ 钱,$$

公士出钱为

$$100\ 钱 \div \frac{137}{60} = \frac{6000}{137}\ 钱 = 43\frac{109}{137}\ 钱。$$

[4] 术文是将衰分术(3-3)应用于此题,首先列出爵位的等级,即大夫 $a_1=5$,不更 $a_2=4$,簪褭 $a_3=3$,上造 $a_4=2$,公士 $a_5=1$,作为列衰。而对之实施返衰术,便以它们的倒数 $\frac{1}{a_1}=\frac{1}{5}$,$\frac{1}{a_2}=\frac{1}{4}$,$\frac{1}{a_3}=\frac{1}{3}$,$\frac{1}{a_4}=\frac{1}{2}$,$a_5=1$ 作为比例进行分配。在旁边将它们相加,得

$$\sum_{j=1}^{5}\frac{1}{a_j}=\frac{1}{5}+\frac{1}{4}+\frac{1}{3}+\frac{1}{2}+1$$

$$=\frac{12+15+20+30+60}{60}=\frac{137}{60}$$

作为法,即除数。以 100 钱乘尚未相加的列衰,就是 $100\ \text{钱} \times \dfrac{1}{a_i}$,$i=1,2,3,4,5$,作为实,即被除数。被除数除以除数,就得到每人所出的钱数

$$A_i = 100\ \text{钱} \times \frac{1}{a_i} \div \frac{137}{60}, \quad i=1,2,3,4,5。 \qquad (3\text{-}4)$$

二、异乘同除类问题

原文

今有丝一斤[1],价直二百四十。 今有钱一千三百二十八,问: 得丝几何?

答曰: 五斤八两一十二铢五分铢之四。

术曰: 以一斤价数为法,以一斤乘今有钱数为实,实如法得丝数[2]。

译文

假设有 1 斤丝,价值是 240 钱。现有 1328 钱,问:得到多少丝?

答:得 5 斤 8 两 12 $\dfrac{4}{5}$ 铢丝。

术:以 1 斤价钱作为除数,以 1 斤乘现有钱数作为被除数,被除数除以除数,就得到丝数。

注释

[1] 自此问起至卷末,不是衰分类问题。

　　[2] 此问的解法是

得丝＝(丝 1 斤×现有钱数)÷1 斤价数

$$= (丝\ 1\ 斤×1328\ 钱)÷240\ 钱 = 5\frac{128}{240}\ 斤 = 5\frac{8}{15}\ 斤$$

$$= 5\ 斤\frac{128}{15}\ 两 = 5\ 斤\ 8\frac{8}{15}\ 两 = 5\ 斤\ 8\ 两\ 12\frac{4}{5}\ 铢。$$

第四卷　少广[1]

一、少广术

原文

少广术曰：置全步及分母子，以最下分母遍乘诸分子及全步，各以其母除其子，置之于左[2]。命通分者，又以分母遍乘诸分子及已通者，皆通而同之[3]。并之为法[4]。置所求步数，以全步积分乘之为实[5]。实如法而一，得从步[6]。

今有田广一步半、三分步之一、四分步之一、五分步之一、六分步之一、七分步之一、八分步之一、九分步之一、十分步之一、十一分步之一、十二分步之一。求田一亩，问：从几何？

答曰：七十七步八万六千二十一分步之二万九千一百八十三。

术曰：下有一十二分，以一为八万三千一百六十，半为四万一千五百八十，三分之一为二万七千七百二十，四分之一为二万七百九十，五分之一为一万六千六百三十二，六分之一为一万三千八百六十，七分之一为一万一千八百八十，八分之一为一万三

百九十五，九分之一为九千二百四十，一十分之一
为八千三百一十六，十一分之一为七千五百六十，
十二分之一为六千九百三十，并之得二十五万八千
六十三，以为法。置田二百四十步，亦以一为八万
三千一百六十乘之，为实。实如法得从步[7]。

译文

少广术：布置整步数及分母、分子，以最下面的分母
普遍地乘各分子及整步数。分别用分母除其分子，
将它们布置在左边。使它们通分：又以分母普遍地
乘各分子及已经通分的数，使它们统统通过通分而
使分母相同。将它们相加作为除数。布置所求的步
数，以 1 整步的积分乘之，作为被除数。被除数除以
除数，得到长的步数。

假设田的宽是 1 步半与 $\frac{1}{3}$ 步、$\frac{1}{4}$ 步、$\frac{1}{5}$ 步、$\frac{1}{6}$ 步、$\frac{1}{7}$ 步、
$\frac{1}{8}$ 步、$\frac{1}{9}$ 步、$\frac{1}{10}$ 步、$\frac{1}{11}$ 步、$\frac{1}{12}$ 步。求 1 亩田，问：长是多少？

答：$77\frac{29183}{86021}$ 步。

术：下方有 12 分，将 1 化为 83160，半化为 41580，$\frac{1}{3}$

化为 27720，$\frac{1}{4}$ 化为 20790，$\frac{1}{5}$ 化为 16632，$\frac{1}{6}$ 化为

13860，$\frac{1}{7}$ 化为 11880，$\frac{1}{8}$ 化为 10395，$\frac{1}{9}$ 化为 9240，$\frac{1}{10}$

化为 8316，$\frac{1}{11}$ 化为 7560，$\frac{1}{12}$ 化为 6930。相加得到 258063，作为除数。布置 1 亩田 240 步，也将 1 化为 83160，乘之，作为被除数。被除数除以除数，得长的步数。

注释▶

[1] 少广：九数之一。少广术的例题中都是田地的广远小于纵，因此"少广"的本义是小广。

[2] 遍乘：普遍地乘。通常指以某数整个地乘一行的情形。

[3] 通而同之：依次对各个分数通分，即"通"，再使分母相同，即"同"。

[4] 根据少广术的例题，都是已知田的面积为 1 亩，宽为 $1+\frac{1}{2}+\frac{1}{3}+\cdots+\frac{1}{n-1}+\frac{1}{n}$，$n=2,3,\cdots12$，求其长。

术文求其"法"即除数的计算程序如下：将 $1,\frac{1}{2},\frac{1}{3},\cdots,$ $\frac{1}{n-1},\frac{1}{n}$ 自上而下排列。如左第 1 列，以最下分母 n 乘第 1 列各数，成为第 2 列；再以最下分母 $n-1$ 乘第 2 列各数，成为第 3 列；如此继续下去，直到某列所有的数都成为整数为止，即

$$
\begin{array}{cccccc}
1 & n & n(n-1) & \cdots & n(n-1)\cdots\times4\times3 & n(n-1)\cdots\times4\times3\times2 \\
\dfrac{1}{2} & \dfrac{n}{2} & \dfrac{n(n-1)}{2} & \cdots & n(n-1)\cdots\times3\times2 & n(n-1)\cdots\times4\times3 \\
\dfrac{1}{3} & \dfrac{n}{3} & \dfrac{n(n-1)}{3} & \cdots & n(n-1)\cdots\times5\times4 & n(n-1)\cdots\times4\times2 \\
\vdots & \vdots & \vdots & & \vdots & \vdots \\
\dfrac{1}{n-1} & \dfrac{n}{n-1} & n & \cdots\ n(n-2)(n-3)\cdots\times4\times3 & & n(n-2)(n-3)\cdots\times3\times2 \\
\dfrac{1}{n} & 1 & n-1 & \cdots\ (n-1)(n-2)\cdots\times4\times3 & & (n-1)(n-2)\cdots\times3\times2
\end{array}
$$

因其中有"各以其母除其子"的程序，有时实际上用不到用所有的分母乘，就可以将某行全部化成整数。将成为整数的这行所有的数相加，作为法，即除数。同时，该行最上这个数，就是第1列每个数所扩大的倍数，也就是1步的积分。将它作为同。由于没有"可约者约之"的规定，它还不能称为求最小公倍数的完整程序。实际上，当 $n=6$，12时，《九章算术》没有求出最小公倍数。

[5] 这是以同，即1步的积分乘1亩的步数，作为实，即被除数。"积分"就是分之积，"全步积分"是将1步化成分数后的积数。

[6] 这是说被除数除以除数，就得到长的步数。

[7] 布置宽的数值，先后以 12，11，10，9，7 遍乘，便可全部化为整数

1	12	$12×11$	$12×11×10$	$12×11×10×9$	$12×11×10×9×7$
$\dfrac{1}{2}$	$\dfrac{12}{2}$	$6×11$	$6×11×10$	$6×11×10×9$	$6×11×10×9×7$
$\dfrac{1}{3}$	$\dfrac{12}{3}$	$4×11$	$4×11×10$	$4×11×10×9$	$4×11×10×9×7$
$\dfrac{1}{4}$	$\dfrac{12}{4}$	$3×11$	$3×11×10$	$3×11×10×9$	$3×11×10×9×7$
$\dfrac{1}{5}$	$\dfrac{12}{5}$	$\dfrac{12×11}{5}$	$12×11×2$	$12×11×2×9$	$12×11×2×9×7$
$\dfrac{1}{6}$	$\dfrac{12}{6}$	$2×11$	$2×11×10$	$2×11×10×9$	$2×11×10×9×7$
$\dfrac{1}{7}$	$\dfrac{12}{7}$	$\dfrac{12×11}{7}$	$\dfrac{12×11×10}{7}$	$\dfrac{12×11×10×9}{7}$	$12×11×10×9$
$\dfrac{1}{8}$	$\dfrac{12}{8}$	$\dfrac{12×11}{8}$	$3×11×5$	$3×11×5×9$	$3×11×5×9×7$
$\dfrac{1}{9}$	$\dfrac{12}{9}$	$\dfrac{12×11}{9}$	$\dfrac{12×11×10}{9}$	$12×11×10$	$12×11×10×7$
$\dfrac{1}{10}$	$\dfrac{12}{10}$	$\dfrac{12×11}{10}$	$12×11$	$12×11×9$	$12×11×9×7$
$\dfrac{1}{11}$	$\dfrac{12}{11}$	12	$12×10$	$12×10×9$	$12×10×9×7$
$\dfrac{1}{12}$	1	11	$11×10$	$11×10×9$	$11×10×9×7$

求出法，即除数：83160＋41580＋27720＋20790＋16632＋13860＋11880＋10395＋9240＋8316＋7560＋6930＝258063。同是83160。因此

$$长＝240 步×83160÷258063＝77\frac{29183}{86021}步。$$

此问中的同83160不是分母2，3，4，5，6，7，8，9，10，11，12的最小公倍数。因为运算中没有将$\frac{12}{8}$，$\frac{12}{9}$，$\frac{12}{10}$约简。

二、开平方法

（一）开方术

原文 ▶

又有积三十九亿七千二百一十五万六百二十五步。 问：为方几何[1]？

　　答曰：六万三千二十五步[2]。

　　开方术曰[3]：置积为实[4]。 借一筹，步之，超一等[5]。 议所得，以一乘所借一筹为法，而以除[6]。 除已，倍法为定法[7]。 其复除，折法而下[8]。 复置借筹，步之如初，以复议一乘之，所得副以加定法，以除[9]。 以所得副从定法[10]。 复除，折下如前[11]。 若开之不尽者，为不可开[12]，当以面命之[13]。 若实有分者，通分内子为定实，乃开之[14]。 讫，开其母，报除[15]。 若

母不可开者，又以母乘定实，乃开之。 讫，令如母而一[16]。

原文

假设又有面积 3972150625 步^2。问：变成正方形，边长是多少？

　　答：63025 步。

　　开方术：布置面积作为被开方数。借 1 枚算筹，布置在其个位的下方。将它向左移动，每隔一位移动一步。商议所得的数，用它的一次方乘所借的 1 枚算筹，作为法，即除数，而用来作除法。作完除法，将除数加倍，作为确定的除数。若要作第二次除法，应当缩小除数，因此将它退位。再布置所借 1 枚算筹，向左移动，像开头做的那样。用第二次商议的得数的一次方乘所借的 1 枚算筹。将第二位得数在旁边加入确定的除数，用来作除法。将第二位得数在旁边纳入确定的除数。如果再作除法，就像前面那样缩小退位。如果是开方不尽的，称为不可开方，应当用"面"命名一个数。如果被开方数中有分数，就通分，纳入分子，作为确定的被开方数，才对之开方。开方完毕，再对它的分母开方，回报以除。如果分母不是完全平方数，就用分母乘确定的被开方数，才对它开方。完了，除以分母。

注释

〔1〕方:一边,一面。此处指将给定的面积变成正方形后的边。

〔2〕这是开方术的第五个例题,求得

边长 $=\sqrt{3972150625 \text{ 步}^2}=63025$ 步。

〔3〕开方:设 A 是正数,《九章算术》的开方指求 $\sqrt{A}$ 的正根,即今天的开平方。开方术:开方程序。《周髀算经》记载公元前 5 世纪时陈子答荣方问中就使用了开方,但未给出开方程序,说明开方术已是当时数学界的常识。《九章算术》的开方术是世界上现存最早的多位数开方程序。它后来不断改进,发展为中国古代最为发达的数学分支。

〔4〕这是说布置面积作为被除数,即被开方数。开方术是从除法转化而来的,除法中的"实"即被除数自然转化为被开方数。

〔5〕这是说,借 1 枚算筹,将它从被开方数的末位自右向左每隔一位移一步。算筹是明初以前中国数学的主要计算工具。借一算:又称借算,即借一枚算筹,表示未知数二次项的系数 1。既是"借",完成运算后需要"还"。本来问题只给出面积,设为 A,通过"借一算",变成开方式:

实 A

法

借算   1

它表示二项方程 $x^2 = A$。设被开方数为

$$A = 10^{n-1}b_n + 10^{n-2}b_{n-1} + \cdots + 10b_2 + b_1,$$

开方式为

实	b_n	$b_{n-1}\cdots b_2$	b_1
法			
借算			1

步之，超一等：将借算由右向左隔一位移动一步，直到不能再移为止。由此确定开方得数（即根）的位数。开方式变成（设 n 为奇数）

实	b_n	$b_{n-1}\cdots b_2$	b_1
法			
借算			1

这相当于作变换 $x = 10^{\frac{n-1}{2}}x_1$，方程变成 $10^{n-1}x_1^2 = A$。步的本义是行走，这里引申为移动。超：隔一位。等：位。

〔6〕这是说：商议所得的数，用它的一次方乘所借 1 算，作为法，即除数，而用来作除法。议所得：商议得到根的第一位得数，记为 a_1。一乘：一次方。这是说以借算 1 乘 a_1，得 $10^{n-1}a_1$ 作为除数。这里"法"的意义与除法"实如法而一"中的法完全相同，即除数。以除：以法 a_1 除实 A，即以除数 a_1 除被开方数 A。此处的"除"指除法，而不是"减"。显然，a_1 的确定，须使 $10^{n-1}a_1$ 除实，其商的整数部分恰好是 a_1。"借算"在乘 a_1 后，自动消失。

〔7〕这是说，作完除法，将法即除数加倍，作为定法即

确定的除数。

[8] 这是说,若要作第二次除法,应当缩小法即除数,因此将它退位。复除:第二次除法。折法:通过退位将除数缩小。折:减损,也就是将 a_1 缩小。

[9] 这是说,再布置所借1算,像开头做的那样,向左移动。再商议根的第二位得数,以它的一次方 a_2 乘所借1算,得 a_2,在旁边将它加到确定的除数 $2a_1$ 上,得到 $2a_1+a_2$,作为法,即除数。以除数除被开方数的余数,其商的整数部分恰好是 a_2。议:议第二位得数,记为 a_2。乘:以议得的第二位得数乘。复:复置借算。步:将借算自右向左步之。副:相对于主位而言的副位,在旁边。

[10] 在旁边再将第二位得数 a_2 加到确定的除数 $2a_1$ $+a_2$ 上,得到 $2a_1+2a_2=2(a_1+a_2)$。

[11] 如果被开方数中还有余数,就要再作除法,那么就像前面那样缩小退位。

[12] 不可开:指开方不尽。

[13] 以面命之:以面命名一个数。这里有无理数概念的萌芽,但不宜说有无理数的概念。面:即 $\sqrt{A}$。

[14] 如果被开方数有分数,设整数部分为 A,分数部分为 $\dfrac{B}{C}$。求出确定的被开方数再开方,即 $\sqrt{AC+B}$。

[15] 开其母,报除:如果 C 是完全平方数,设 $\sqrt{C}=c$,则 $\sqrt{A\dfrac{B}{C}}=\dfrac{\sqrt{AC+B}}{\sqrt{C}}=\dfrac{\sqrt{AC+B}}{c}$。

[16] 如果 C 不是完全平方数,《九章算术》的方法是

$$\sqrt{A\frac{B}{C}} = \sqrt{\frac{AC+B}{C}} = \sqrt{\frac{(AC+B)C}{C^2}} = \frac{\sqrt{(AC+B)C}}{C}。$$

(二)开圆术

原文

今有积一千五百一十八步四分步之三。 问:为圆周几何?

       答曰:一百三十五步[1]。

       开圆术曰:置积步数,以十二乘之,以开方除之,即得周[2]。

译文

假设有面积 $1518\frac{3}{4}$ 步²。问:变成圆,其周长是多少?

    答:135 步。

    开圆术:布置面积的步数,乘以 12,对所得数作开方除法,就得到圆周长。

注释

    [1] 由下文的(4-1)式,

$$L = \sqrt{12S} = \sqrt{12 \times 1518\frac{3}{4} \text{步}^2} = \sqrt{18225 \text{步}^2} = 135 \text{步}。$$

    [2] 此即《九章算术》的开圆术

$$L = \sqrt{12S}。 \tag{4-1}$$

它是第一卷圆面积第四个公式(1-14)的逆运算。

三、开立方法

(一) 开立方术

原文

又有积一百九十三万七千五百四十一尺二十七分尺之一十七[1]。问:为立方几何[2]?

　　答曰:一百二十四尺太半尺[3]。

　　开立方术曰[4]:置积为实。借一筭,步之,超二等[5]。议所得,以再乘所借一筭为法,而除之[6]。除已,三之为定法[7]。复除,折而下[8]。以三乘所得数,置中行[9]。复借一筭,置下行[10]。步之,中超一,下超二等[11]。复置议,以一乘中,再乘下,皆副以加定法[12]。以定除[13]。除已,倍下、并中,从定法[14]。复除,折下如前[15]。开之不尽者,亦为不可开。若积有分者,通分内子为定实。定实乃开之[16]。讫,开其母以报除[17]。若母不可开者,又以母再乘定实,乃开之。讫,令如母而一[18]。

译文

假设又有体积 $1937541\dfrac{17}{27}$ 尺^3。问:变成正方体,它的边长是多少?

　　答: $124\dfrac{2}{3}$ 尺。

开立方术：布置体积，作为被开方数。借 1 算，布置在末位之下，将它向左移动，每隔二位移一步。商议所得的数，以它的二次方乘所借 1 算，作为法即除数，而以除数除被开方数。作完除法，以 3 乘除数，作为确定的除数。若要继续作除法，就将确定的除数缩小而退位。以 3 乘商议所得到的数，布置在中行。又借 1 算，布置于下行的个位上。将它们向左移动，中行隔一位移一步，下行隔二位移一步。布置第二次商议所得的数，以它的一次方乘中行，以它的二次方乘下行，以确定的除数除被开方数的余数。完成除法后，将下行加倍，加中行，都加入确定的除数。如果继续作除法，就像前面那样缩小、退位。如果是开方不尽的，也称为不可开。如果已给的体积中有分数，就通分，纳入分子，作为确定的被开方数，对确定的被开方数开立方。完了，对它的分母开立方，再以它作除法。如果分母不是完全立方数，就以分母的二次方乘确定的被开方数，才对它开立方。完了，以分母除。

注释

[1] 这是开立方术的第四个例题，其体积"一百九十三万七千五百四十一尺二十七分尺之一十七"就是 $1937541\frac{17}{27}尺^3$。

[2] 这是说,将 $1937541\frac{17}{27}$ 尺^3 的体积变成正方体,求其边长是多少。

[3] 这是说 $\sqrt[3]{1937541\frac{17}{27}尺^3}=\sqrt[3]{\frac{52313624}{27}尺^3}=124\frac{2}{3}$ 尺。

[4] 开立方术就是开立方法。

[5] 这是说,布置体积,作为被除数,即被开方数。借1枚算筹,将它布置在被开方数之下,自右向左每隔两位移一步。借一算:借1枚算筹,表示未知数三次项的系数1。本来问题只给出一个体积,设体积为 A,通过借1算,就将其变成一个开方式 $x^3=A$。步之,超二等:就是将借算从末位自右向左隔两位移一步,到不能移为止。

[6] 这是说,商议所得的数,以它的二次方乘所借1枚算筹,作为除数,而以除数除被开方数。记议得即根的第一位得数为 a_1。再乘:乘两次,相当于二次方,即根的第一位得数的平方即 $a_1{}^2$。以再乘所借一算为法:即以 $a_1{}^2\times1$ 作为除数。这里的"法"也是除法中的法。"除"仍是"除法"。做完除法后,所借的1枚算筹自动消失。

[7] 这是说,做完除法,以3乘 $a_1{}^2$,得 $3a_1{}^2$ 作为定法,即确定的除数。

[8] 这是说,若要继续作除法,就将法缩小而退一位。

[9] 这是说,以3乘商议所得到的数 a_1,得 $3a_1$,布置在中行。

[10] 这是说,又借1枚算筹,布置在下行。

〔11〕这是说，将借算自右向左，中行隔一位移一步，下行是隔两位移一步。

〔12〕这是说，议得根的第二位得数 a_2，以其一次方乘中行，得 $3a_1a_2$。以第二位得数的平方 a_2^2 乘下行，仍为 a_2^2。将乘得的中行 $3a_1a_2$、下行 a_2^2 都加到确定的除数上，得 $3a_1^2+3a_1a_2+a_2^2$。仍称为定法，即确定的除数，这也体现出位值制。

〔13〕这是说，以确定的除数除被开方数的余数，其商的整数部分恰好为 a_2。

〔14〕这是说，完成除法之后，将下行加倍即 $2a_2^2$，加到中行，得 $3a_1a_2+3a_2^2$。再加到确定的除数上，得 $3a_1^2+6a_1a_2+3a_2^2$。

〔15〕这是说，如果继续作开方除法，应当如同前面那样将法退一位。

〔16〕这是说，如果被开方数有分数，则将整数部分通分，纳入分子，作为确定的被开方数，对确定的被开方数开方。设被开方数的整数部分为 A，分数部分为 $\dfrac{B}{C}$，则以 $\sqrt[3]{AC+B}$ 为确定的被开方数。

〔17〕这是说，如果 C 是完全立方数，设 $\sqrt[3]{C}=c$，则

$$\sqrt[3]{A\dfrac{B}{C}}=\dfrac{\sqrt[3]{AC+B}}{\sqrt[3]{C}}=\dfrac{\sqrt[3]{AC+B}}{c}。$$

〔18〕这是说，如果 C 不是完全立方数，则

$$\sqrt[3]{A\,\frac{B}{C}}=\sqrt[3]{\frac{AC+B}{C}}=\sqrt[3]{\frac{C^2(AC+B)}{C^3}}=\frac{\sqrt[3]{C^2(AC+B)}}{c}\,。$$

(二) 开立圆术

原文▶

又有积一万六千四百四十八亿六千六百四十三万七千五百尺。 问:为立圆径几何[1]?

　　　答曰:一万四千三百尺[2]。

　　开立圆术曰:置积尺数,以十六乘之,九而一。 所得,开立方除之,即立圆径[3]。

译文▶

假设又有体积 1644866437500 尺^3,问:变成球,它的直径是多少?

　　答:14300 尺。

　　开立圆术:布置体积的尺数,乘以 16,除以 9。对所得的数作开立方除法,就得到球的直径。

注释▶

　　[1] 立圆:球。在《九章算术》时代,将今天的球称为"立圆"。

　　[2] 这是开立圆术的第 2 个例题。设球的直径、体积分别为 d,V,将 V=1644866437500 尺^3 代入下文的(4-2)式,则球径

$$d = \sqrt[3]{\frac{16}{9} \times 1644866437500 \ \text{尺}^3}$$

$$= \sqrt[3]{2924207000000 \ \text{尺}^3} = 14300 \ \text{尺}。$$

以汉代 1 尺＝0.231 米计算,此球的直径为 3303.3 米。除太阳、月亮等可望而不可即的天体外,地球上不可能有这么大的球体。可见,《九章算术》尽管密切联系人们生产、生活的实际,但许多题目是编纂者为术文而设计的例题,甚至是趣味题。

[3]《九章算术》求球直径的公式是

$$d = \sqrt[3]{\frac{16}{9}V} 。 \tag{4-2}$$

第五卷　商功[1]

一、土壤互换

原文

今有穿地，积一万尺[2]。问：为坚、壤各几何[3]？

答曰：

为坚七千五百尺；

为壤一万二千五百尺[4]。

术曰：穿地四为壤五，为坚三，为墟四[5]。以穿地求壤，五之；求坚，三之；皆四而一[6]。以壤求穿，四之；求坚，三之；皆五而一[7]。以坚求穿，四之；求壤，五之；皆三而一[8]。

译文

假设挖出的泥土，其体积为 10000 尺³。问：变成坚土、壤土各是多少？

答：

变成坚土 7500 尺³；

变成壤土 12500 尺³。

术：挖出的土是 4，变成壤土是 5，变成坚土是 3，变成墟土是 4。由挖出的土求壤土，乘以 5，求坚土，乘以 3，都除以 4。由壤土求挖出的土，乘以 4，求坚土，乘以 3，都除以 5。由坚土求挖出的土，乘以 4，求壤土，乘以 5，都除以 3。

注释

[1] 商功：九数之一，其本义是商量土方工程量的分配。要计算工程量，首先要计算土方的体积，因此提出了若干多面体和圆体的体积公式。今天人们更重视后者。由此派生出来求粟类的容积也成为本章的重要内容，后来归入《永乐大典》的委粟类。

[2] 穿地：挖地。穿：开凿，挖掘。这里的尺表示尺³。答案中的两个"尺"字亦同义。

[3] 坚：坚土，夯实的泥土。壤：松散的泥土。

[4] 将穿地 10000 尺³ 代入下文的 (5-1) 的后式，得到

$$坚土 = \frac{3}{4} \times 穿土 = \frac{3}{4} \times 10000 \ 尺^3 = 7500 \ 尺^3;$$

代入 (5-1) 的前式，得到

$$壤土 = \frac{5}{4} \times 穿土 = \frac{5}{4} \times 10000 \ 尺^3 = 12500 \ 尺^3$$

[5] 这是说，穿土：壤土 = 4：5。穿土：坚土 = 4：3。穿土：墟土 = 4：4。

[6] 此即壤土 $=\dfrac{5}{4}×$穿土，坚土 $=\dfrac{3}{4}×$穿土。(5-1)

[7] 此即穿土 $=\dfrac{4}{5}×$壤土，坚土 $=\dfrac{3}{5}×$壤土。(5-2)

[8] 此即穿土 $=\dfrac{4}{3}×$坚土，壤土 $=\dfrac{5}{3}×$坚土。(5-3)

二、体积问题

(一) 城、垣、堤、沟、堑、渠体积公式及其程功问题

原文 ▶

城、垣、堤、沟、堑、渠皆同术[1]。

术曰：并上、下广而半之，以高若深乘之，又以袤乘之，即积尺[2]。

今有穿渠，上广一丈八尺，下广三尺六寸，深一丈八尺，袤五万一千八百二十四尺。问：积几何？

答曰：一千七万四千五百八十五尺六寸[3]。

秋程人功三百尺[4]。问：用徒几何？

答曰：三万三千五百八十二人，功内少一十四尺四寸[5]。

一千人先到，问：当受袤几何？

答曰：一百五十四丈三尺二寸八十一分寸之八[6]。

术曰： 以一人功尺数乘先到人数为实。 并渠上、下广而半之，以深乘之为法。 实如法得袤尺[7]。

译文 ▶

城、垣、堤、沟、堑、渠都使用同一术文。

术：将上宽、下宽相加，取其一半。以高或深乘之，又以长乘之，就是体积的尺数。

假设挖一条水渠，上宽是 1 丈 8 尺，下宽是 3 尺 6 寸，深是 1 丈 8 尺，长是 51824 尺。问：挖出的土方体积是多少？

答：10074585 尺³600 寸³。

假设秋季每个劳动力的标准工作量是 300 尺³，问：用工多少？

答：33582 人，而总工作量中少了 14 尺³400 寸³。

如果 1000 人先到，问：应当领受多长的渠？

答：154 丈 3 尺 2 $\frac{8}{81}$ 寸。

术：以一个劳动力秋季的标准工作量的容积尺数乘先到人数，作为被除数。将水渠的上宽、下宽相加，取其一半，以深乘之，作为除数。被除数除以除数，就得到长度尺数。

注释

〔1〕城:指都邑四周用以防守的墙垣。垣:墙,矮墙。堤:堤防,沿江河湖海用土石修筑的挡水工程。沟:田间水道。堑:坑、壕沟、护城河,比沟长。渠:人工开的壕沟、水道,比堑长。城、垣、堤是地面上的土石工程,沟、堑、渠是地下的水土工程,然而在数学上它们的形状完全相同:上、下两底是互相平行的长方形,它们的长相等而宽不等,两侧为相等的长方形,两端为垂直于地面的全等的等腰梯形,如图5-1所示,因而《九章算术》说它们有同一求积公式。

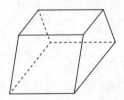

图5-1 城、垣、堤、沟、堑、渠

〔2〕若:或。袤:长。记城、垣、堤、沟、堑、渠的上、下宽分别是 a_1, a_2,长是 b,高或深是 h,则其体积

$$V = \frac{1}{2}(a_1 + a_2)bh。 \qquad (5\text{-}4)$$

〔3〕将穿渠的上宽 $a_1 = 1$ 丈 8 尺 $= 18$ 尺、下宽 $a_2 = 3$ 尺 6 寸 $= 3\frac{3}{5}$ 尺、长 $b = 51824$ 尺、深 $h = 1$ 丈 8 尺 $= 18$ 尺代入其容积公式(5-4),得到穿渠的容积

$$V = \frac{1}{2}(a_1 + a_2)bh$$

$$= \frac{1}{2}\left(18\ \text{尺} + 3\frac{3}{5}\text{尺}\right) \times 51824\ \text{尺} \times 18\ \text{尺}$$

$$= 10074585\ \text{尺}^3 600\ \text{寸}^3.$$

[4] 一个劳动力在秋季的标准工作量是 300 尺^3。

[5] 用徒人数 = 穿渠积尺 ÷ 秋程人功 = 10074585 尺^{3}600 寸^3 ÷ 300 尺^3/人,接近 33582 人,若将穿渠的土方体积加 14 尺^{3}400 寸^3,则

(10074585 尺^{3}600 寸^3 + 14 尺^{3}400 寸^3) ÷ 300 尺^3/人 = 33582 人。所以说功内少 14 尺^{3}400 寸^3。

[6] 将先到 1000 人、秋程人功 300 尺^3/人、穿渠的上宽 a_1 = 18 尺、下宽 a_2 = $3\frac{3}{5}$ 尺与深 h = 18 尺代入下文的求领受长的尺数公式,得到

领受长的尺数 = (以一人功尺数 × 先到人数) ÷ $\frac{1}{2}(a_1 + a_2)h$

$$= (300\ \text{尺}^3/\text{人} \times 1000\ \text{人}) \div \left[\frac{1}{2}\left(18\ \text{尺} + 3\frac{3}{5}\text{尺}\right) \times 18\ \text{尺}\right]$$

$$= 300000\ \text{尺}^3 \div \frac{972}{5}\text{尺}^2 = 1543\ \text{尺}\ 2\frac{8}{81}\text{寸}.$$

[7] 这是说,

领受长的尺数 = (以一人功尺数 × 先到人数) ÷ $\frac{1}{2}(a_1 + a_2)h$。

这实际上是穿渠积公式(5-4)的逆运算。

(二) 方柱与圆柱、方亭与圆亭、方锥与圆锥

1. 方柱与圆柱

原文

今有方堢壔[1]，方一丈六尺，高一丈五尺。 问： 积几何？

答曰： 三千八百四十尺[2]。

术曰： 方自乘，以高乘之，即积尺[3]。

译文

假设有一方堢壔，它的底是边长为 1 丈 6 尺的正方形，高是 1 丈 5 尺。问：其体积是多少？

答：3840 尺^3。

术：底面边长自乘，以高乘之，就是体积。

注释

[1] 方堢壔(bǎodǎo)：即今天的正方柱体，如图 5-2 所示。壔，土堡。

[2] 将此例题中的方堢壔的每边长 a＝1 丈 6 尺＝16 尺、高 h＝1 丈 5 尺＝15 尺代入下文的(5-5)式，得到方堢壔的体积为

$$V＝a^2h＝(16 尺)^2 \times 15 尺＝3840 尺^3。$$

[3] 设方堢壔每边长为 a，高 h，则其体积

$$V＝a^2h。 \tag{5-5}$$

原文

今有圆堵墙^[1]，周四丈八尺，高一丈一尺。 问： 积
几何？

答曰： 二千一百一十二尺^[2]。

术曰： 周自相乘，以高乘之，十二而一^[3]。

译文

假设有一圆堵墙，底面圆周长是 4 丈 8 尺，高是 1 丈 1 尺。
问：其体积是多少？

答：2112 尺³。

术：底面圆周长自乘，以高乘之，除以 12。

注释

［1］圆堵墙：即今天的圆柱体，如图 5-3 所示。

［2］将此例题中的圆堵墙的周长 $L=4$ 丈 8 尺 $=48$ 尺、
高 $h=1$ 丈 1 尺 $=11$ 尺代入下文的(5-6)式，得到圆堵墙
的体积为

$$V=\frac{1}{12}L^2h=\frac{1}{12}\times(48\ 尺)^2\times11\ 尺=2112\ 尺^3。$$

［3］设圆堵墙的底周长为 L，高 h，则其体积

$$V=\frac{1}{12}L^2h。 \quad (5\text{-}6)$$

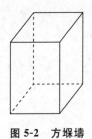

图 5-2 方堢墉

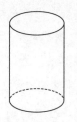

图 5-3 圆堢墉

2. 方亭与圆亭

原文 ▶

今有方亭[1]，下方五丈，上方四丈，高五丈。问：积几何？

　　　答曰：一十万一千六百六十六尺太半尺[2]。

　　　术曰：上、下方相乘，又各自乘，并之，以高乘之，三而一[3]。

译文 ▶

假设有一个方亭，下底面是边长为 5 丈的正方形，上底面是边长为 4 丈的正方形，高是 5 丈。问：其体积是多少？

　　　答：$101666\dfrac{2}{3}$尺^3。

　　　术：上、下底面的边长相乘，又各自乘，将它们相加，以高乘之，除以 3。

注释 ▶

　　[1] 方亭：即今天的正四锥台，或方台，如图 5-4 所

示。亭是古代设在路旁供行人休息、食宿的处所。

[2] 将此例题中的方亭的上底边长 $a_1 = 4$ 丈 $= 40$ 尺，下底边长 $a_2 = 5$ 丈 $= 50$ 尺，高 $h = 5$ 丈 $= 50$ 尺代入下文的方亭体积公式(5-7)，得到方亭的体积

$$V = \frac{1}{3}(a_1 a_2 + a_1^2 + a_2^2)h$$

$$= \frac{1}{3}[(40\ 尺 \times 50\ 尺) + (40\ 尺)^2 + (50\ 尺)^2] \times 50\ 尺$$

$$= 101666\frac{2}{3}尺^3。$$

[3] 设方亭的上底边长为 a_1，下底边长为 a_2，高 h，则其体积公式为

$$V = \frac{1}{3}(a_1 a_2 + a_1{}^2 + a_2{}^2)h。 \qquad (5-7)$$

原文

今有圆亭[1]，下周三丈，上周二丈，高一丈。 问： 积几何？

答曰： 五百二十七尺九分尺之七[2]。

术曰： 上、下周相乘，又各自乘，并之，以高乘之，三十六而一[3]。

译文

假设有一个圆亭,下底周长是 3 丈,上底周长是 2 丈,高是 1 丈。问:其体积是多少?

答:$527\dfrac{7}{9}$ 尺^3。

术:上、下底周长相乘,又各自乘,将它们相加,以高乘之,除以 36。

注释

[1] 圆亭:即今天的圆台,如图 5-5 所示。

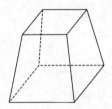

图 5-4 方亭

图 5-5 圆亭

[2] 将此例题中的圆亭的上周长 $a_1 = 2$ 丈 $= 20$ 尺,下周长 $a_2 = 3$ 丈 $= 30$ 尺,高 $h = 1$ 丈 $= 10$ 尺代入下文的圆亭体积公式(5-8),得到圆亭的体积

$$V = \frac{1}{36}(L_1 L_2 + L_1^2 + L_2^2)h$$

$$= \frac{1}{36}\left[(20\,尺 \times 30\,尺) + (20\,尺)^2 + (30\,尺)^2\right] \times 10\,尺$$

$$= 527 \frac{7}{9} \, 尺^3 \, 。$$

[3] 设圆亭的上底边长为 L_1，下底边长为 L_2，高 h，则其体积公式为

$$V = \frac{1}{36}(L_1 L_2 + L_1^2 + L_2^2)h \, 。 \tag{5-8}$$

3. 方锥与圆锥

原文

今有方锥[1]，下方二丈七尺，高二丈九尺。 问： 积几何？

答曰： 七千四十七尺[2]。

术曰： 下方自乘，以高乘之，三而一[3]。

译文

假设有一个方锥，下底是边长为 2 丈 7 尺的正方形，高是 2 丈 9 尺。问：其体积是多少？

答：7047 尺^3。

术：下底边长自乘，以高乘之，除以 3。

注释

[1] 方锥：如图 5-6 所示。

[2] 将此例题中的方锥的下底边长 $a = 2$ 丈 7 尺 $= 27$ 尺、高 $h = 2$ 丈 9 尺 $= 29$ 尺代入下文的（5-9）式，得到方锥的体积

$$V = \frac{1}{3}a^2 h = \frac{1}{3} \times (27 \, 尺)^2 \times 29 \, 尺 = 7047 \, 尺^3 \, 。$$

[3] 设方锥的下底边长为 a, 高为 h, 则其体积为

$$V = \frac{1}{3}a^2h。 \qquad (5\text{-}9)$$

原文 ▸

今有圆锥[1], 下周三丈五尺, 高五丈一尺。 问: 积几何?

　　　答曰: 一千七百三十五尺一十二分尺之五[2]。

　　术曰: 下周自乘, 以高乘之, 三十六而一[3]。

译文 ▸

假设有一个圆锥, 下底周长为 3 丈 5 尺, 高是 5 丈 1 尺。问: 其体积是多少?

　　答: $1735\frac{5}{12}$尺^3。

　　术: 下底周长自乘, 以高乘之, 除以 36。

注释 ▸

[1] 圆锥: 如图 5-7 所示。

[2] 将此例题中的圆锥的下底周长 $L = 3$ 丈 5 尺 = 35 尺、高 $h = 5$ 丈 1 尺 = 51 尺代入下文的(5-10)式, 得到圆锥的体积

$$V = \frac{1}{36}L^2h = \frac{1}{36} \times (35 \text{ 尺})^2 \times 51 \text{ 尺} = 1735\frac{5}{12}\text{尺}^3。$$

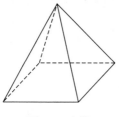

图 5-6　方锥

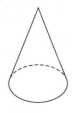

图 5-7　圆锥

[3] 设圆锥的下底周长为 L,高为 h,则其体积为

$$V = \frac{1}{36}L^2h。\qquad(5\text{-}10)$$

(三) 堑堵、阳马与鳖腝

1. 堑堵

原文

今有堑堵[1]，下广二丈，袤一十八丈六尺，高二丈五尺。 问：积几何?

答曰： 四万六千五百尺[2]。

术曰： 广、袤相乘，以高乘之，二而一[3]。

译文

假设有一道堑堵,下底的宽是 2 丈,长是 18 丈 6 尺,高是 2 丈 5 尺。问：其体积是多少?

答：46500 尺^3。

术：下底宽与长相乘，以高乘之，除以 2。

注释

[1] 堑堵:如图 5-8 所示的楔形体。

[2] 将此例题中的堑堵的下底宽 $a=2$ 丈 $=20$ 尺、长 $b=18$ 丈 6 尺 $=186$ 尺、高 $h=2$ 丈 5 尺 $=25$ 尺代入下文的堑堵体积公式(5-11),则其体积为

$$V=\frac{1}{2}abh=\frac{1}{2}\times 20 \text{ 尺} \times 186 \text{ 尺} \times 25 \text{ 尺} =46500 \text{ 尺}^3。$$

[3] 设堑堵的下底宽、下底长、高分别为 a,b,h,则其体积公式为

$$V=\frac{1}{2}abh。 \tag{5-11}$$

2. 阳马

原文

今有阳马[1],广五尺,袤七尺,高八尺。 问: 积几何?

答曰: 九十三尺少半尺[2]。

术曰: 广、袤相乘,以高乘之,三而一[3]。

译文

假设有一个阳马,下底宽是 5 尺,长是 7 尺,高是 8 尺。问:其体积是多少?

答:$93\frac{1}{3}$ 尺^3。

术:下底宽与长相乘,以高乘之,除以 3。

注释

[1] 阳马：本来是房屋四角承短椽的长桁条，其顶端刻有马形，所以命名为阳马。它实际上是一棱垂直于底面，且垂足在底面一角的直角四棱锥，如图 5-9 所示。

[2] 将此例题中的阳马的下底宽 $a=5$ 尺、下底长 $b=7$ 尺、高 $h=8$ 尺代入下文的阳马体积公式(5-12)，得到其体积

$$V=\frac{1}{3}abh=\frac{1}{3}\times 5\,\text{尺}\times 7\,\text{尺}\times 8\,\text{尺}=93\,\frac{1}{3}\text{尺}^{3}\,\text{。}$$

[3] 设阳马的下底宽、下底长、高分别为 a,b,h，则其体积为

$$V=\frac{1}{3}abh\,\text{。} \tag{5-12}$$

3. 鳖臑

原文

今有鳖臑[1]，下广五尺，无袤；上袤四尺，无广；高七尺。 问：积几何？

　　　答曰： 二十三尺少半尺[2]。

　　术曰： 广、袤相乘，以高乘之，六而一[3]。

译文

假设有一个鳖臑，下宽是 5 尺，没有长，上长是 4 尺，没有宽，高是 7 尺。问：其体积是多少？

　　答：$23\,\frac{1}{3}$尺^{3}。

术:下宽与上长相乘,以高乘之,除以 6。

注释

[1] 鳖臑(nào)是有下宽而无下长,有上长而无上宽,有高的四面体,实际上它的四面都是勾股形,其形状如图 5-10 所示。

图 5-8 堑堵　　　　图 5-9 阳马　　　　图 5-10 鳖臑

[2] 将此例题中的鳖臑的下宽 $a=5$ 尺、上长 $b=4$ 尺、高 $h=7$ 尺代入下文的鳖臑体积公式(5-13),得到其体积

$$V=\frac{1}{6}abh=\frac{1}{6}\times 5\text{ 尺}\times 4\text{ 尺}\times 7\text{ 尺}=23\frac{1}{3}\text{尺}^{3}。$$

[3] 记鳖臑的下宽、上长、高分别为 a,b,h,则其体积公式为

$$V=\frac{1}{6}abh \tag{5-13}$$

(四)羡除、刍甍与刍童、曲池、盘池、冥谷及其程功问题

1. 羡除

原文

今有羡除^[1]，下广六尺，上广一丈，深三尺；末广八尺，无深；袤七尺。问：积几何？

      答曰：八十四尺^[2]。

      术曰：并三广，以深乘之，又以袤乘之，六而一^[3]。

译文

假设有一条羡除，一端下宽是 6 尺，上宽是 1 丈，深是 3 尺；末端宽是 8 尺，没有深；长是 7 尺。问：其容积是多少？

      答：84 尺³。

      术：将三个宽相加，以深乘之，又以长乘之，除以 6。

注释

  [1] 羡(yán)除：一种楔形体，就是隧道。它有五个面，其中三个面是等腰梯形，两个侧面是三角形，其长所在的平面与深所在的平面垂直，如图 5-11 所示。这是三个宽不相等的情形。也有两个宽相等的情形，此时只有两个面是等腰梯形，另一个面是长方形。羡通延，墓道。除是道。

  [2] 将此例题中羡除的上宽 $a_1 = 1$ 丈 $= 10$ 尺、下宽

a_2=6尺、末端宽 a_3=8尺、长 b=7尺、深 h=3尺代入下文的羡除容积公式(5-14),得到其容积

$$V = \frac{1}{6}(a_1 + a_2 + a_3)bh$$

$$= \frac{1}{6}(10\,尺 + 6\,尺 + 8\,尺) \times 7\,尺 \times 3\,尺 = 84\,尺^3。$$

[3] 记羡除的上宽、下宽、末端宽、长、深分别为 a_1, a_2, a_3, b, h,则其容积为

$$V = \frac{1}{6}(a_1 + a_2 + a_3)bh。 \tag{5-14}$$

2. 刍甍

原文

今有刍甍[1],下广三丈,袤四丈;上袤二丈,无广;高一丈。问:积几何?

　　答曰:五千尺[2]。

　　术曰:倍下袤,上袤从之,以广乘之,又以高乘之,六而一[3]。

译文

假设有一座刍甍,下底宽是 3 丈,长是 4 丈;上长是 2 丈,没有宽;高是 1 丈。问:其体积是多少?

　　答:5000 尺³。

术：将下长加倍，加上长，以下底宽乘之，又以高乘之，除以6。

[1] 刍薨(chúméng)：其本义是形如屋脊的草垛，是一种底面为长方形而上方只有长，没有宽，上长短于下长的楔形体，如图 5-12 所示。刍是喂牲口的草。薨是屋脊。

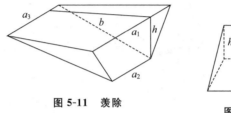

图 5-11　羡除

图 5-12　刍薨

[2] 将此例题中刍薨的下底宽为 $a = 3$ 丈 $= 30$ 尺、上长 $b_1 = 2$ 丈 $= 20$ 尺、下底长 $b_2 = 4$ 丈 $= 40$ 尺、高 $h = 1$ 丈 $= 10$ 尺代入下文的刍薨体积公式（5-15），得到其体积

$$V = \frac{1}{6}(2b_2 + b_1)ah$$

$$= \frac{1}{6}(2 \times 40 \text{ 尺} + 20 \text{ 尺}) \times 30 \text{ 尺} \times 10 \text{ 尺} = 5000 \text{ 尺}^3。$$

[3] 记刍薨的下底宽为 a，上长为 b_1，下底长为 b_2，高为 h，则其体积公式为

$$V = \frac{1}{6}(2b_2 + b_1)ah。 \tag{5-15}$$

3. 刍童、曲池、盘池、冥谷及其程功问题

原文

刍童、曲池、盘池、冥谷皆同术[1]。

术曰：倍上袤，下袤从之；亦倍下袤，上袤从之；

各以其广乘之；并，以高若深乘之，皆六而一[2]。

其曲池者，并上中、外周而半之，以为上袤；亦并

下中、外周而半之，以为下袤[3]。

今有盘池，上广六丈，袤八丈；下广四丈，袤六丈；深

二丈。问：积几何？

荅曰：七万六百六十六尺太半尺[4]。

负土往来七十步，其二十步上下棚、除，棚、除二当平

道五，踟蹰之间十加一，载输之间三十步，定一返一百

四十步[5]。土笼积一尺六寸[6]。秋程人功行五十九

里半[7]。问：人到积尺及用徒各几何[8]？

荅曰：

人到二百四尺。

用徒三百四十六人一百五十三分人之六十二[9]。

术曰：以一笼积尺乘程行步数，为实。往来上下

棚、除二当平道五。 置定往来步数,十加一,及载输之间三十步以为法。 除之,所得即一人所到尺[10]。 以所到约积尺,即用徒人数[11]。

译文

刍童、曲池、盘池、冥谷都用同一术。

术:将上长加倍,加下长,又将下长加倍,加上长,分别以各自的宽乘之。将它们相加,以高或深乘之,除以 6。如果是曲池,就将上中、外周相加,取其一半,作为上长;又将下中、外周相加,取其一半,作为下长。

假设有一盘池,上宽是 6 丈,长是 8 丈;下底宽是 4 丈,长是 6 丈;深是 2 丈。问:其容积是多少?

答:$70666 \frac{2}{3}$ 尺^3。

如果背负土筐一个往返是 70 步。其中有 20 步是上下的棚、除。在棚、除上行走 2 相当于平地 5,徘徊的时间 10 加 1,装卸的时间相当于 30 步。因此,一个往返确定走 140 步。土笼的容积是 1 尺^{3}600 寸^3。

秋天一人每天标准运送 $59\frac{1}{2}$ 里。问:一人一天运到的土方尺数及用工人数各多少?

答:

一人运到土方 204 尺^3。

用工 346 $\frac{62}{153}$ 人。

术:以一土筐容积尺数乘一人每天的标准运送步数,作为被除数。往来上下要走棚、除,2 相当于平地 5。布置运送一个往返确定走的步数,每 10 加 1,再加装卸时间的 30 步,作为除数。被除数除以除数,所得就是 1 个劳动力每天所运到的土方尺数。以一个劳动力每天所运到的土方尺数除盘池容积尺数,就是用工人数。

注释

[1] 刍童:本义是平顶草垛,如图 5-13(1)所示,故《九章算术》和秦汉数学简牍的刍童皆是上大下小。曲池:曲折回绕的水池,实际上是曲面体。其上下底皆为圆环,如图 5-13(2)所示。盘池:盘状的水池,地下的水土工程。冥谷:墓穴,地下的土方工程。两者的形状在数学上与刍童相同。

[2] 若:或。记刍童、盘池、冥谷的上底宽、长分别为 a_1, b_1,下底宽、长分别为 a_2, b_2,高为 h,则其体积(或容积)公式为

$$V = \frac{1}{6}\left[(2b_1 + b_2)a_1 + (2b_2 + b_1)a_2\right]h \quad 。 \quad (5\text{-}16)$$

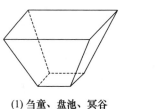

(1) 刍童、盘池、冥谷　　　　　(2) 曲池

图 5-13　刍童、盘池、冥谷、曲池

〔3〕记曲池的上底中周长、外周长分别为 l_1，L_1，下底中周长、外周长为 l_2，L_2，则令 $b_1 = \frac{1}{2}(l_1 + L_1)$，$b_2 = \frac{1}{2}(l_2 + L_2)$，便可利用刍童、盘池、冥谷体积(或容积)公式(5-16)求其容积。

〔4〕将此例题中盘池的上宽 $a_1 = 6$ 丈 $= 60$ 尺、长 $b_1 = 8$ 丈 $= 80$ 尺，下底宽 $a_2 = 4$ 丈 $= 40$ 尺，长 $b_2 = 6$ 丈 $= 60$ 尺、深 $h = 2$ 丈 $= 20$ 尺代入盘池容积公式(5-16)，得到其容积

$$V = \frac{1}{6}\left[(2b_1 + b_2)a_1 + (2b_2 + b_1)a_2\right]h$$

$$= \frac{1}{6}\left[(2 \times 80 \text{ 尺} + 60 \text{ 尺}) \times 60 \text{ 尺} + (2 \times 60 \text{ 尺} + 80 \text{ 尺}) \times\right.$$

40 尺]×20 尺＝70666 $\frac{2}{3}$ 尺 ^{3} 。

[5] 此是附属于盘池问的程功问题：如果背负土筐一个往返 70 步。其中有 20 步是上下的棚、除。在棚、除上行走 2 相当于平地 5，徘徊的时间是 10 加 1，装卸的时间相当于 30 步。因此，一个往返走

$$100 \text{ 步} + \left[(70 \text{ 步} - 20 \text{ 步}) + 20 \text{ 步} \times \frac{5}{2}\right] \times \frac{1}{10} + 30 \text{ 步} = 140 \text{ 步} 。$$

负土：背土。棚：就是阁。阁就是楼阁，也作栈道。除：台阶，阶梯。上下棚、除二当平道五：在上下棚、除上行进 2，相当于在平道上行进 5。那么行进 20 步就相当于行进

$$20 \text{ 步} \times \frac{5}{2} = 50 \text{ 步} 。 行进的路程相当于$$

$$(70 \text{ 步} - 20 \text{ 步}) + 20 \text{ 步} \times \frac{5}{2} = 50 \text{ 步} + 50 \text{ 步} = 100 \text{ 步} 。$$

踟蹰(chíchú)：徘徊。十加一：行进 10 步加 1 步，则行进的路程相当于 $100 \text{ 步} + 100 \text{ 步} \times \frac{1}{10} = 110 \text{ 步}$。载输：装卸。装卸之间相当于 30 步。那么确定一返为 110 步＋30 步＝140 步。

[6] 笼：盛土器，土筐。积一尺六寸：其体积是 1 尺 ^{3} 600 寸 ^{3} 。

[7] 秋季1个劳动力的标准工作量为一天背负容积为 1 尺^{3}600 寸^3 的土筐行 59 $\frac{1}{2}$ 里。

[8] 人到积尺：即每人每天运到的土方尺数。

[9] 将土筐积尺 1 尺^{3}600 寸^3 和秋程人功程行步数 59 $\frac{1}{2}$ 里代入下文的求人到积尺的公式,得到

人到积尺＝(土筐积尺×秋程人功程行步数)÷定往返步数

$$= \left(1 \ \text{尺}^3 600 \ \text{寸}^3 \times 59 \frac{1}{2} \ \text{里} \right) \div 140 \ \text{步} = 204 \ \text{尺}^3 \text{。}$$

将盘池积尺 70666 $\frac{2}{3}$ 尺^3 和人到积尺 204 尺^3 代入下文的求用徒人数的公式,得到

用徒人数＝盘池积尺÷人到积尺

$$= 70666 \frac{2}{3} \ \text{尺}^3 \div 204 \ \text{尺}^3 / \text{人} = 346 \frac{62}{153} \ \text{人。}$$

[10] 求人到积尺的方法是

人到积尺＝(土筐积尺×秋程人功程行步数)÷定往返步数。

[11] 求用徒人数的方法是

用徒人数＝盘池积尺÷人到积尺。

三、委粟问题

今有委粟平地[1]，下周一十二丈，高二丈。 问： 积及为粟几何？

答曰：

积八千尺。

为粟二千九百六十二斛二十七分斛之二十六[2]。

今有委菽依垣[3]，下周三丈，高七尺。 问： 积及为菽各几何？

答曰：

积三百五十尺。

为菽一百四十四斛二百四十三分斛之八[4]。

今有委米依垣内角[5]，下周八尺，高五尺。 问： 积及为米各几何？

答曰：

积三十五尺九分尺之五。

为米二十一斛七百二十九分斛之六百九十一[6]。

委粟术曰： 下周自乘，以高乘之，三十六而一[7]。

其依垣者，十八而一[8]。 其依垣内角者，九而一^[9]。程粟一斛积二尺七寸，其米一斛积一尺六寸五分寸之一，其菽、荅、麻、麦一斛皆二尺四寸十分寸之三^[10]。

译文

假设在平地上堆积粟,下底周长是 12 丈,高是 2 丈。问:其容积及粟的数量各是多少?

答:

容积是 8000 尺³。

粟是 $2962\frac{26}{27}$ 斛。

假设靠墙一侧堆积菽,下底周长是 3 丈,高是 7 尺。问:其容积及菽的数量各是多少?

答:

容积是 350 尺³。

菽是 $144\frac{8}{243}$ 斛。

假设靠墙内角堆积米,下底周长是 8 尺,高是 5 尺。问:其容积及米的数量各是多少?

答:

容积是 $35\frac{5}{9}$ 尺³。

米是 $21\frac{691}{729}$ 斛。

委粟术:下底周长自乘,以高乘之,除以 36。如果是靠墙一侧,除以 18。如果是靠墙的内角,除以 9。一斛标准粟的容积是 2 尺³700 寸³,一斛标准米的容积是 1 尺³6$\frac{1}{5}$ 尺² 寸,一斛标准菽、荅、麻、麦的容积是 2 尺³4$\frac{3}{10}$ 尺² 寸。

注释 ▶

[1] 委(wèi)粟:堆放谷物。委:累积,堆积。委粟平地,得圆锥形,如图 5-7 所示。

[2] 将委粟形成的圆锥的下底周长 $L=12$ 丈$=120$ 尺、高 $h=2$ 丈$=20$ 尺代入圆锥体积公式(5-10),得到委粟平地形成的圆锥容积

$$V=\frac{1}{36}L^2h=\frac{1}{36}\times(120\ 尺)^2\times20\ 尺=8000\ 尺^3。$$

1 斛标准粟的容积是 2 尺³700 寸³,即 2$\frac{7}{10}$ 尺³,因此

$$8000\ 尺^3\div2\frac{7}{10}\ 尺^3=2962\frac{26}{27}斛。$$

[3] 委菽依垣:得半圆锥形,其底周是圆锥底周的

$\dfrac{1}{2}$，如图 5-14 所示。

[4] 将委菽依垣形成的半圆锥的下底周长 $L=3$ 丈 $=30$ 尺、高 $h=7$ 尺代入其容积公式(5-18)，得到容积

$$V=\frac{1}{18}L^2h=\frac{1}{18}\times(30\ 尺)^2\times7\ 尺=350\ 尺^3。$$

1 斛标准菽的容积是 2 尺 ^{3} $4\dfrac{3}{10}$ 尺 ^{2} 寸，或 2430 寸 ^{3}，即 $2\dfrac{43}{100}$ 尺 ^{3}，因此

$$350\ 尺^3\div2\frac{43}{100}尺^3=144\frac{8}{243}斛。$$

[5] 委米依垣内角：得圆锥的 $\dfrac{1}{4}$，其底周是圆锥底周的 $\dfrac{1}{4}$，如图 5-15 所示。

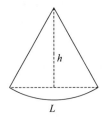

图 5-14　委菽依垣

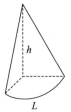

图 5-15　委米依垣内角

[6] 将委米依垣内角形成的 $\dfrac{1}{4}$ 圆锥的下底周长 $L=8$ 尺、

高 $h=5$ 尺代入其容积公式(5-19),得到其容积

$$V=\frac{1}{9}L^2h=\frac{1}{9}\times(8\ 尺)^2\times5\ 尺=35\frac{5}{9}尺^3。$$

1 斛标准米的容积是 $1\ 尺^3 6\frac{1}{5}尺^2\ 寸$,因此

$$35\frac{5}{9}尺^3\div1\frac{31}{50}尺^3=21\frac{691}{729}斛。$$

[7] 委粟平地所形成的圆锥的容积公式同(5-10)式,即

$$V=\frac{1}{36}L^2h。 \tag{5-17}$$

[8] 委菽依垣所形成的半圆锥的底周 L 是圆周的 $\frac{1}{2}$,其容积公式为

$$V=\frac{1}{18}L^2h。 \tag{5-18}$$

[9] 委米依垣内角所形成的四分之一圆锥的底周 L 是圆周的 $\frac{1}{9}$,其容积公式为

$$V=\frac{1}{9}L^2h。 \tag{5-19}$$

[10] 程粟一斛积二尺七寸:1 斛标准粟的容积是 $2\ 尺^3 7\ 尺^2\ 寸$,即 $2\ 尺^3 700\ 寸^3$,或 $2700\ 寸^3$,或 $2\frac{7}{10}尺^3$。

米一斛积一尺六寸五分寸之一:1 斛标准米的容积是

$1\,尺^3\,6\,\dfrac{1}{5}\,尺^2\,寸$，或 $1620\,寸^3$，或 $1\,\dfrac{31}{50}尺^3$。菽、荅、麻、麦一

斛皆二尺四寸十分寸之三：1 斛标准菽、荅、麻、麦的容积

是 $2\,尺^3\,4\,\dfrac{3}{10}\,尺^2\,寸$，或 $2430\,寸^3$，或 $2\,\dfrac{43}{100}尺^3$。

四、其他体积问题

1. 穿地求广

原文

今有穿地，袤一丈六尺，深一丈，上广六尺，为垣积五

百七十六尺。问：穿地下广几何[1]？

　　　　答曰：三尺五分尺之三[2]。

　　术曰：置垣积尺，四之为实。以深、袤相乘，又以

三之为法。所得，倍之。减上广，余即下广[3]。

译文

假设挖一个坑，长是 1 丈 6 尺，深 1 丈，上宽 6 尺，筑成垣，

其体积是 $576\,尺^3$。问：所挖的坑的下底宽是多少？

　　　　答：$3\,\dfrac{3}{5}尺$。

　　术：布置垣的体积尺数，乘以 4，作为被除数。以挖的

坑的深、长相乘，又乘以 3，作为除数。被除数除以除

数，将所得的结果加倍，减去上宽，余数就是下底宽。

注释▶

[1] 记 $V_穿$、$V_垣$ 分别是穿地与垣的体积。这实际上是已知穿地的体积(5-4)及长、深、上底宽而求下底宽的逆运算。

[2] 将此例题的穿积 $V_穿=768$ 尺^3 及上底宽 $a_1=6$ 尺、长 $b=1$ 丈 6 尺=16 尺、深 $h=1$ 丈=10 尺代入下文的(5-20)式,得到下底宽

$$a_2=\frac{2V_穿}{bh}-a_1=\frac{2\times768\ 尺^3}{16\ 尺\times10\ 尺}-6\ 尺=3\frac{3}{5}\ 尺。$$

[3] 四之为实,又以三之为法:是穿地为穿土,垣为坚土,由(5-3)式,

$$V_穿=\frac{4}{3}V_垣=\frac{4}{3}\times576\ 尺^3=768\ 尺^3。$$

已知穿地的上宽 a_1,长 b,深 h,体积 $V_穿$,由(5-4)式,下宽 a_2 为

$$a_2=\frac{2V_穿}{bh}-a_1。 \tag{5-20}$$

2. 方仓求高

原文▶

今有仓,广三丈,袤四丈五尺[1],容粟一万斛。 问:高几何?

　　荅曰: 二丈。

　　术曰: 置粟一万斛积尺为实[2],广、袤相乘为法,实如法而一,得高尺[3]。

译文

假设有一座长方体粮仓，宽是 3 丈，长是 4 丈 5 尺，容积是 10000 斛粟。问：其高是多少？

答：2 丈。

术：布置 10000 斛粟的积尺数作为被除数。粮仓的宽、长相乘作为除数。被除数除以除数，便得到高的尺数。

注释

[1] 按题意，这是一座长方体的仓，已知其宽、长及容积而求其高。

[2] 一万斛积尺：由委粟术，"程粟一斛积二尺七寸"，即一斛标准粟的容积是 2700 寸^3，1 万斛的积尺为 27000 尺^3。将此例题中仓的积尺 27000 尺^3 及宽 $a=3$ 丈 $=30$ 尺，长 $b=4$ 丈 5 尺 $=45$ 尺代入下文的(5-21)式，得到其高

$$h = \frac{V}{ab} = \frac{27000 \ 尺^3}{30 \ 尺 \times 45 \ 尺} = 20 \ 尺 = 2 \ 丈。$$

[3] 这是已知长方体体积 V，宽 a，长 b，求其高

$$h = \frac{V}{ab}。 \qquad (5\text{-}21)$$

显然它是长方体体积公式

$$V = abh \qquad (5\text{-}22)$$

的逆运算。方堢墹体积公式(5-5)是(5-22)式中 $b=a$ 的情形。

3. 圆仓求周

原文▶

今有圆囷，高一丈三尺三寸少半寸，容米二千斛[1]。

问：周几何？

　　　答曰：五丈四尺[2]。

　术曰：置米积尺，以十二乘之，令高而一，所得，开方除之，即周[3]。

译文▶

假设有一座圆囷，高是 1 丈 3 尺 3 $\frac{1}{3}$ 寸，容积是 2000 斛米。问：其圆周长是多少？

　　答：5 丈 4 尺。

　术：布置米的容积尺数，乘以 12，除以高，对所得到的结果作开平方除法，就是圆囷的周长。

注释▶

　[1] 圆囷(qūn)：即圆柱体，亦即《九章算术》的圆堆墙，其体积公式为(5-6)。容米二千斛：由委粟术，"米一斛积一尺六寸五分寸之一"，即一斛标准米的容积是 1620 寸³，2000 斛米的积尺为 3240 尺³。

　[2] 将此例题中圆囷的容积 $V = 3240$ 尺³、高 $h =$ 1 丈 3 尺 3 $\frac{1}{3}$ 寸 = 13 $\frac{1}{3}$ 尺代入下文的(5-23)式，得到下周

$$L=\sqrt{\frac{12V}{h}}=\sqrt{\frac{12\times3240\ 尺^{3}}{13\frac{1}{3}尺}}=\sqrt{2916\ 尺^{2}}=54\ 尺=5\ 丈\ 4\ 尺。$$

〔3〕此即已知圆囷的容积 V，高 h，求其底周

$$L=\sqrt{\frac{12V}{h}}。 \tag{5-23}$$

它显然是(5-6)式的逆运算。

第六卷 均输[1]

一、均输问题

今有均输粟[2]：甲县一万户，行道八日；乙县九千五百户，行道十日；丙县一万二千三百五十户，行道十三日；丁县一万二千二百户，行道二十日，各到输所。凡四县赋当输二十五万斛，用车一万乘[3]。欲以道里远近、户数多少衰出之[4]。问：粟、车各几何？

答曰：

甲县粟八万三千一百斛，车三千三百二十四乘。

乙县粟六万三千一百七十五斛，车二千五百二十七乘。

丙县粟六万三千一百七十五斛，车二千五百二十七乘。

丁县粟四万五百五十斛，车一千六百二十二乘[5]。

术曰：令县户数各如其本行道日数而一，以为衰[6]。甲衰一百二十五，乙、丙衰各九十五，丁衰六十一，副并为法[7]。 以赋粟车数乘未并者，各自为实，实如法得一车[8]。 有分者，上下辈之[9]。 以二十五斛乘车数，即粟数[10]。

译文

假设要均等地输送粟：甲县有 10000 户，需在路上走 8日；乙县有 9500 户，需在路上走 10 日；丙县有 12350 户，需在路上走 13 日；丁县有 12200 户，需在路上走 20 日，才能分别将粟输送到输所。四县的赋共应当输送粟 250000斛，用 10000 乘车。欲根据道里的远近、户数的多少按比例出粟与车。问：各县所输送的粟、所用的车各是多少？

答：

甲县输粟 83100 斛，用车 3324 乘。

乙县输粟 63175 斛，用车 2527 乘。

丙县输粟 63175 斛，用车 2527 乘。

丁县输粟 40550 斛，用车 1622 乘。

术：布置各县的户数，分别除以它们各自需在路上走的日数，作为衰。甲县的衰是 125，乙、丙县的衰各是95，丁县的衰是 61，在旁边将它们相加，作为除数。以输送作为赋税的粟所共用的车数分别乘未相加的衰，各自作为被除数。被除数除以除数，得到各县所应出的车数。如果出现分数，就将它们上下搭配。以 25 斛乘各自出的车数，就得到各县所输送的粟数。

注释

[1] 均输:中国古代处理合理负担的重要数学方法,九数之一。李籍说,均是均平。输是委随输送。以均平其输委,所以叫作均输。均输法源于何时,尚不能确定。1983 年底湖北江陵张家山汉墓出土《算数书》竹简的同时,出土了均输律,否定了均输源于桑弘羊均输法的成说。《周礼·地官》说的"均人"的职责就是使人们的负担合理,实际上就是均输问题。因此,九数中的均输类起源于先秦是无疑的。不过,《九章算术》的均输章 28 个问题中,只有前 4 个问题是典型的均输问题,后 24 个问题是各种算术难题。

[2] 此问是向各县征调粟米时徭役的均等负担问题。

[3] 乘(shèng):车辆,或指四马一车,也指配有一定数量士兵的兵车。

[4] 要求各县按距离远近和户数多少确定的比例出粟和车。

[5] 将各县户数 b_i、行道日数 a_i、四县共输车数 $A = 10000$ 乘代入下文的(6-1)式,则各县出车数分别是

甲县出车 $A_1 = (10000 \text{ 乘} \times 125) \div 376 = 3324 \frac{22}{47}$ 乘。

乙县出车 $A_2 = (10000 \text{ 乘} \times 95) \div 376 = 2526 \frac{28}{47}$ 乘。

丙县出车与乙县相同,

丁县出车 $A_4 = (10000 \text{ 乘} \times 61) \div 376 = 1622 \frac{16}{47}$ 乘。

将甲、丁县的奇零部分并入乙、丙二县,那么甲县出车 3324 乘,乙、丙二县出车 2527 乘,丁县出车 1622 乘。以 25 乘各县出车数,得 $A_i \times 25$ 斛/乘,即得各县出粟数

甲县出粟 $=3324$ 乘 $\times 25$ 斛/乘 $=83100$ 斛,

乙、丙二县出粟 $=2527$ 乘 $\times 25$ 斛/乘 $=63175$ 斛,

丁县出粟 $=1622$ 乘 $\times 25$ 斛/乘 $=40550$ 斛。

[6] 记各县行道日数为 a_i,户数为 b_i,则 $\dfrac{b_i}{a_i}$,$i=1,2,3,4$,就是各县出车的列衰。

[7] 这是说,

$$甲衰 = \frac{b_1}{a_1} = \frac{10000}{8} = 1250,$$

$$乙衰 = \frac{b_2}{a_2} = \frac{9500}{10} = 950,$$

$$丙衰 = \frac{b_3}{a_3} = \frac{12350}{13} = 950,$$

$$丁衰 = \frac{b_4}{a_4} = \frac{12200}{20} = 610。$$

它们有公约数 10,故分别以 10 约简,得 125,95,95,61 为甲、乙、丙、丁之列衰。在旁边将它们相加,得 $\sum\limits_{i=1}^{4} \dfrac{b_i}{a_i} = 125 + 95 + 95 + 61 = 376$ 作为除数。

[8] 未并者:尚未相加的。这是说以赋粟车数乘未相加的列衰即 $A \times \dfrac{b_i}{a_i}$ 各自作为被除数,$i=1,2,3,4$。记各县

出车数为 A_i，$i=1,2,3,4$，则

$$A_i = \left(A \times \frac{b_i}{a_i}\right) \div \sum_{j=1}^{4} \frac{b_j}{a_j}, i=1,2,3,4。 \qquad (6\text{-}1)$$

[9] 这是说,如果车、牛、人数有分数,必须搭配成整数,其原则是将小的并到大的。这与商功卷的人数可以是分数不同,既反映了两者编纂时代不同,也反映了均输诸术的实用性更强。

[10] 250000 斛,用车 10000 乘,则

1 乘车运送 = 250000 斛 ÷ 10000 乘 = 25 斛/乘。

所以以 25 乘各县出车的数量,得到 $A_i \times 25$ 斛/乘,就是各县出粟的数量。

二、算术难题

(一) 衰分问题

原文◆

今有人当禀粟二斛。 仓无粟,欲与米一、菽二,以当所禀粟。 问: 各几何?

　　答曰:

　　米五斗一升七分升之三。

　　菽一斛二升七分升之六。

术曰: 置米一、菽二,求为粟之数。 并之,得三、

九分之八，以为法。 亦置米一、菽二，而以粟二斛乘之，各自为实。 实如法得一斛[1]。

译文

假设应当赐给人 2 斛粟。但是粮仓里没有粟了，想给他 1 份米、2 份菽，当作赐给他的粟。问：他的米、菽各多少？

答：

给米 5 斗 $1\frac{3}{7}$ 升。

给菽 1 斛 $2\frac{6}{7}$ 升。

术：布置米 1、菽 2，求出它们变成粟的数量。将它们相加，得到 $3\frac{8}{9}$，作为除数。又布置米 1、菽 2，而以 2 斛粟乘之，各自作为被除数。被除数除以除数，就得米、菽的斛数。

注释

[1] 这里的方法实际上是衰分术的推广：列衰是 1，2，但法不是列衰相加 1＋2，而是米 1 化为粟的 $1\frac{2}{3}$ 与菽 2 化为粟的 $2\frac{2}{9}$ 之和：$1\frac{2}{3}+2\frac{2}{9}=3\frac{8}{9}$。因此

米数＝(20 斗×1)÷$3\frac{8}{9}$＝$5\frac{1}{7}$ 斗＝5 斗 $1\frac{3}{7}$ 升。

粟数＝(20 斗×2)÷$3\frac{8}{9}$＝$10\frac{2}{7}$ 斗＝1 斛 $2\frac{6}{7}$ 升。

(二) 程行问题

原文

今有乘传委输[1]，空车日行七十里，重车日行五十里。今载太仓粟输上林[2]，五日三返。 问： 太仓去上林几何？

答曰： 四十八里一十八分里之一十一。

术曰： 并空、重里数，以三返乘之，为法。 令空、重相乘，又以五日乘之，为实。 实如法得一里[3]。

译文

假设由驿乘运送货物，空车每日走 70 里，重车每日走 50 里。现在装载太仓的粟输送到上林苑，5 日往返 3 次。问：太仓到上林的距离是多少？

答： $48 \frac{11}{18}$ 里。

术：将空车、重车每日走的里数相加，以往返次数 3 乘之，作为除数。使空车、重车每日走的里数相乘，又以 5 日乘之，作为被除数。被除数除以除数，就得到里数。

注释

[1] 乘传(zhuàn)：乘坐驿车。乘：乘坐。传：驿站或驿站的马车。委输：转运。亦指转运的物资。

[2] 太仓：秦汉时期设在京城中的大粮仓。上林：指

上林苑。

[3] 这是说，

太仓去上林距离

＝(空行里数×重行里数×5)÷[(空行里数＋重行里数)×3]

＝(70 里×50 里×5)÷[(70 里＋50 里)×3]＝48$\frac{11}{18}$里。

(三) 重今有问题

原文

今有络丝一斤为练丝一十二两，练丝一斤为青丝一斤一十二铢[1]。 今有青丝一斤[2]，问： 本络丝几何？

  答曰： 一斤四两一十六铢三十三分铢之一十六。

  术曰： 以练丝十二两乘青丝一斤一十二铢为法。 以青丝一斤铢数乘练丝一斤两数，又以络丝一斤乘，为实。 实如法得一斤[3]。

译文

假设 1 斤络丝练出 12 两练丝，1 斤练丝练出 1 斤 12 铢青丝。现在有 1 斤青丝，问：络丝原来有多少？

  答：1 斤 4 两 16 $\frac{16}{33}$铢。

  术：以练丝 12 两乘青丝 1 斤 12 铢，作为除数。以青丝 1 斤的铢数乘练丝 1 斤的两数,又以络丝 1 斤乘之,作为被除数。被除数除以除数,就得到络丝的斤数。

注释

[1] 络:粗絮。练:煮熟的生丝或其织品练过的布帛,一般指白绢。

[2] 青丝:青色的丝线,通常指蓝色丝线。青:颜色名,有绿色、蓝色、黑色甚至白色等不同的含义。

[3] 1 斤=384 铢,1 斤 12 铢=396 铢,这里的方法是

络丝=[(青丝 384 铢×练丝 16 两)×络丝 1 斤]÷

(练丝 12 两×青丝 396 铢)=$1\frac{29}{99}$斤=1 斤 4 两 16$\frac{16}{33}$铢。

(四) 追及问题

原文

今有兔先走一百步[1],犬追之二百五十步,不及三十步而止。 问: 犬不止,复行几何步及之?

　　　答曰: 一百七步七分步之一。

术曰: 置兔先走一百步,以犬走不及三十步减之,余为法。 以不及三十步乘犬追步数,为实。 实如法得一步[2]。

译文

假设野兔先跑 100 步,狗追赶了 250 步,差 30 步没有追上

而停止了。问：如果狗不停止，再追多少步能追上？

答：$107\frac{1}{7}$ 步。

术：布置野兔先跑的 100 步，以狗追的差 30 步减之，余数作为除数。以差的 30 步乘狗追的步数，作为被除数。被除数除以除数，就得到为了追上应再跑的步数。

注释▶

[1] 走：跑。

[2] 这是说，

犬复行步数

=（犬追 250 步×不及 30 步）÷（兔先走 100 步—不及 30 步）

=$107\frac{1}{7}$ 步。

(五) 今有问题

原文▶

今有客马，日行三百里。客去忘持衣。日已三分之一，主人乃觉。持衣追及与之而还，至家视日四分之三。问：主人马不休，日行几何？

答曰：七百八十里。

术曰：置四分日之三，除三分日之一，半其余，以为法[1]。副置法，增三分日之一。以三百里乘之，为实[2]。实如法，得主人马一日行[3]。

译文

假设客人的马每日行走 300 里。客人离去时忘记拿自己的衣服。已经过了 $\frac{1}{3}$ 日时,主人才发觉。主人拿着衣服追上客人,给了他衣服,回到家望望太阳,已过了 $\frac{3}{4}$ 日。问:如果主人的马不休息,一日行走多少里?

答:780 里。

术:布置 $\frac{3}{4}$ 日,除 $\frac{1}{3}$ 日,取其余数的 $\frac{1}{2}$,作为除数。在旁边布置法,加 $\frac{1}{3}$。以 300 里乘之,作为被除数。被除数除以除数,就得到主人马一日行走的里数。

注释

[1] 除:在《九章算术》中有两种意思:一是除法之除,一是减。这里是减,即以 $\frac{1}{2}\times\left(\frac{3}{4}-\frac{1}{3}\right)=\frac{5}{24}$ 作为除数。

[2] 这是说,在旁边将 $\frac{5}{24}$ 增加 $\frac{1}{3}$,得 $\frac{5}{24}+\frac{1}{3}=\frac{13}{24}$。又以 300 里乘之,得 300 里 $\times\frac{13}{24}=162\frac{1}{2}$ 里作为被除数。

[3] 此即主人马一日行里 $=300$ 里 $\times\left[\frac{1}{2}\times\left(\frac{3}{4}-\frac{1}{3}\right)+\frac{1}{3}\right]\div$ $\frac{1}{2}\times\left(\frac{3}{4}-\frac{1}{3}\right)=162\frac{1}{2}$ 里 $\div\frac{5}{24}=780$ 里。

（六）等差数列

今有竹九节，下三节容四升，上四节容三升。 问： 中间二节欲均容[1]，各多少？

> 答曰：
>
> 下初，一升六十六分升之二十九；
>
> 次，一升六十六分升之二十二；
>
> 次，一升六十六分升之一十五；
>
> 次，一升六十六分升之八；
>
> 次，一升六十六分升之一；
>
> 次，六十六分升之六十；
>
> 次，六十六分升之五十三；
>
> 次，六十六分升之四十六；
>
> 次，六十六分升之三十九。

术曰： 以下三节分四升为下率，以上四节分三升为上率。 上、下率以少减多，余为实[2]。 置四节、三节，各半之，以减九节，余为法。 实如法得一升，即衰相去也[3]。 下率一升少半升者，下第二节容也[4]。

假设有一支竹，共 9 节，下 3 节的容积是 4 升，上 4 节的容积是 3 升。问：如果想使中间 2 节的容积均匀递减，各节的容积是多少?

答:

下第一节是 $1\frac{29}{66}$ 升,

次一节是 $1\frac{22}{66}$ 升,

次一节是 $1\frac{15}{66}$ 升,

次一节是 $1\frac{8}{66}$ 升,

次一节是 $1\frac{1}{66}$ 升,

次一节是 $\frac{60}{66}$ 升,

次一节是 $\frac{53}{66}$ 升,

次一节是 $\frac{46}{66}$ 升,

次一节是 $\frac{39}{66}$ 升。

术:以下 3 节平分 4 升,作为下率,以上 4 节平分 3 升,作为上率。上率、下率以少减多,余数作为被除数。布置 4 节、3 节,各取其 $\frac{1}{2}$,以它们减 9 节,余数作为除数。被除数除以除数,所求得的升数,就是诸衰之差。下率 $1\frac{1}{3}$ 升者,就是下第二节的容积。

注释

[1] 均容：即各节自下而上均匀递减，实际上使之成为一个等差数列。

[2] 下率：下三节所容的平均值，即 4 升 $\div 3 = \dfrac{4}{3}$ 升。

上率：上四节所容的平均值，即 3 升 $\div 4 = \dfrac{3}{4}$ 升。这里以 $\dfrac{4}{3}$ 升 $- \dfrac{3}{4}$ 升 $= \dfrac{7}{12}$ 升作为被除数。

[3] 刘徽认为被除数 $\dfrac{4}{3}$ 升 $- \dfrac{3}{4}$ 升 $= \dfrac{7}{12}$ 升是 9 节 $- \left(\dfrac{4}{2} + \dfrac{3}{2}\right)$ 节 $= \dfrac{11}{2}$ 节的总差，所以以 $\dfrac{11}{2}$ 节作为除数。被除数除以除数，即 $\dfrac{7}{12}$ 升/节 $\div \dfrac{11}{2}$ 节 $= \dfrac{7}{66}$ 升，就是相去衰，即各节容积之差，也就是这个等差数列的公差。

[4] 下率 $\dfrac{4}{3}$ 升 $= \dfrac{88}{66}$ 升 $= 1\dfrac{22}{66}$ 升是下第二节的容积，由此利用各节的相去衰 $\dfrac{7}{66}$ 升便可求出各节的容积

下第一节容 $1\dfrac{22}{66}$ 升 $+ \dfrac{7}{66}$ 升 $= 1\dfrac{29}{66}$ 升，

下第三节容 $1\dfrac{22}{66}$ 升 $- \dfrac{7}{66}$ 升 $= 1\dfrac{15}{66}$ 升，

下第四节容 $1\dfrac{22}{66}$ 升 $- 2 \times \dfrac{7}{66}$ 升 $= 1\dfrac{8}{66}$ 升，

下第五节容 $1\frac{22}{66}$ 升 $-3\times\frac{7}{66}$ 升 $=1\frac{1}{66}$ 升,

下第六节容 $1\frac{22}{66}$ 升 $-4\times\frac{7}{66}$ 升 $=\frac{60}{66}$ 升,

下第七节容 $1\frac{22}{66}$ 升 $-5\times\frac{7}{66}$ 升 $=\frac{53}{66}$ 升,

下第八节容 $1\frac{22}{66}$ 升 $-6\times\frac{7}{66}$ 升 $=\frac{46}{66}$ 升,

下第九节容 $1\frac{22}{66}$ 升 $-7\times\frac{7}{66}$ 升 $=\frac{39}{66}$ 升。

(七) 同工共作

原文▶

今有一人一日为牝瓦三十八枚,一人一日为牡瓦七十六枚[1]。今令一人一日作瓦,牝、牡相半。 问: 成瓦几何?

　　　　答曰: 二十五枚少半枚[2]。

　　术曰: 并牝、牡为法,牝、牡相乘为实,实如法得一枚[3]。

译文▶

假设一人 1 日制造牝瓦 38 枚,一人 1 日制造牡瓦 76 枚。现在使一人造瓦 1 日,牝瓦、牡瓦各一半。问:制成多少瓦?

　　　　答: $25\frac{1}{3}$ 枚。

术：将一人 1 日制的牝瓦、牡瓦数相加,作为除数,牝瓦、牡瓦数相乘,作为被除数,被除数除以除数,便得到枚数。

注释 ▶

[1]牝(pìn)：本义是鸟兽的雌性,转指器物的凹入部分。牝瓦又称为板瓦、雌瓦、阴瓦。牡：本义是鸟兽的雄性,转指器物的凸起部分。

[2]将一人 1 日为牝瓦 38 枚,为牡瓦 76 枚代入下文的(6-2)式,得到

$$瓦枚数＝(38 枚×76 枚)÷(38 枚＋76 枚)＝25\frac{1}{3}枚。$$

[3]这是说

$$瓦枚数＝(牝瓦数×牡瓦数)÷(牝瓦数＋牡瓦数)。$$

$$(6-2)$$

(八) 关税问题

原文 ▶

今有人持金出五关[1],前关二而税一,次关三而税一,次关四而税一,次关五而税一,次关六而税一。[2]并五关所税,适重一斤。 问：本持金几何?

答曰： 一斤三两四铢五分铢之四。[3]

术曰： 置一斤,通所税者以乘之,为实。 亦通其不税者,以减所通,余为法。 实如法得一斤[4]。

译文

假设有人带着金出五个关卡,前关 2 份而征税 1 份,第二关 3 份而征税 1 份,第三关 4 份而征税 1 份,第四关 5 份而征税 1 份,第五关 6 份而征税 1 份。五关所征税之和恰好重 1 斤。问:本来带的金是多少?

答:1 斤 3 两 4$\frac{4}{5}$铢。

术:布置 1 斤,通所应征税者,以其乘之,作为被除数。亦通其不应征税者,用以减通所应征税者,其余数作为除数。被除数除以除数,便得到本来带的斤数。

注释

[1] 关:古代在交通险要或边境出入的地方设置的守卫及收取关税的处所。

[2] 这是假设前关税 $a_1=2$,则不税者 $b_1=1$;次关税 $a_2=3$,则不税者 $b_2=2$;次关税 $a_3=4$,则不税者 $b_3=3$;次关税 $a_4=5$,则不税者 $b_4=4$;次关税 $a_5=6$,则不税者 $b_5=5$。

[3] 将其代入下文的(6-3)式,得到
=1 斤$\times(2\times3\times4\times5\times6)\div(2\times3\times4\times5\times6-1\times2\times3\times4\times5)$

=720 斤$\div(720-120)=1\frac{1}{5}$斤=1 斤 3 两 4$\frac{4}{5}$铢。

[4] 本持金=$(1$ 斤$\times a_1a_2a_3a_4a_5)\div(a_1a_2a_3a_4a_5-b_1b_2b_3b_4b_5)$。
$$(6\text{-}3)$$

第七卷　盈不足[1]

一、盈不足术

（一）盈不足术

 原文

今有共买物，人出八，盈三；人出七，不足四。问：人数、物价各几何[2]？

　　答曰：

　　七人，

　　物价五十三[3]。

今有共买牛，七家共出一百九十，不足三百三十；九家共出二百七十，盈三十。问：家数、牛价各几何？

　　答曰：

　　一百二十六家，

　　牛价三千七百五十[4]。

　　盈不足术曰：置所出率，盈、不足各居其下。令维乘所出率，并以为实。并盈、不足为法。实如法而一[5]。有分者，通之[6]。盈不足相与同其买物者，置所出率，以少减多，余，以约法、实。实为物价，法为人数[7]。

其一术曰：并盈、不足为实。以所出率以少减多，余为法。实如法得一[8]。以所出率乘之，减盈、增不足即物价[9]。

译文

假设共同买东西，如果每人出 8 钱，盈余 3 钱；每人出 7 钱，不足 4 钱。问：人数、物价各多少？

答：

7 人，

物价 53 钱。

假设共同买牛，如果 7 家共出 190 钱，不足 330 钱；9 家共出 270 钱，盈余 30 钱。问：家数、牛价各多少？

答：

126 家，

牛价 3750 钱。

盈不足术：布置所出率，将盈与不足分别布置在它们的下方。使盈、不足与所出率交叉相乘，相加，作为被除数。将盈与不足相加，作为除数。被除数除以除数，便得到答案。如果有分数，就将它们通分。如果使盈、不足相与通同，共同买东西的问题，就布置所出率，以小减大，用余数除除数与被除数。除被除数就得到物价，除除数就得到人数。

其一术：将盈与不足相加，作为被除数。所出率以小减大，以余数作为除数。被除数除以除数，就得到人数。以所出率分别乘人数,或减去盈,或加上不足,就是物价。

注释

[1] 盈不足:中国古典数学的重要科目,"九数"之一,现今称之为盈亏类问题。

[2] 此问是设人出 8 钱,记为 a_1,盈 3 钱,记为 b_1;人出 7 钱,记为 a_2,不足 4 钱,记为 b_2;求人数、物价。这是盈不足问题的标准表述。

[3] 将题设 $a_1=8$ 钱,$b_1=3$ 钱,$a_2=7$ 钱,$b_2=4$ 钱代入盈不足术公式(7-3),得

$$人数=\frac{3 钱+4 钱}{8 钱-7 钱}=7 人。$$

代入(7-2)式,得

$$物价=\frac{8 钱\times4 钱+7 钱\times3 钱}{8 钱-7 钱}=53 钱。$$

[4] 此问是设 9 家(记为 m_1)共出 270 钱(记为 n_1),则一家出 $\frac{n_1}{m_1}=\frac{270 钱}{9}=30$ 钱,记为 a_1,盈 30 钱,记为 b_1;7 家(记为 m_2)共出 190 钱(记为 n_2),则一家出 $\frac{n_2}{m_2}=\frac{190}{7}$ 钱,记为 a_2,不足 330 钱,记为 b_2;求家数、牛价。将其代入公式(7-3),得

$$家数=\frac{30 钱+330 钱}{30 钱-\frac{190}{7} 钱}=\frac{360 钱}{\frac{210}{7} 钱-\frac{190}{7} 钱}=126 家。$$

代入(7-2)式,得

$$牛价 = \frac{30\text{钱} \times 330\text{钱} + \frac{190}{7}\text{钱} \times 30\text{钱}}{30\text{钱} - \frac{190}{7}\text{钱}} = 3750\text{钱}。$$

[5] 这是说,设出 a_1,盈 b_1,出 a_2,不足 b_2,则

a_1 所出　a_2 所出　　　a_1b_2　a_2b_1　$a_1b_2+a_2b_1$　被除数

b_1 盈　　b_2 不足　_{维乘}　　b_1　　b_2　　b_1+b_2　　除数

以 $a_1b_2+a_2b_1$ 作为被除数,以 b_1+b_2 作为除数,刘徽认为求出了不盈不朒(nù)之正数的公式

$$不盈不朒之正数 = \frac{a_1b_2+a_2b_1}{b_1+b_2}。 \tag{7-1}$$

这是用于求解一般算术问题的公式。朒:本义指农历月初出现在东方的月牙,也指那时的月光,引申为欠缺、不足。

[6] 这是说如果有分数,就通分。

[7] 这是说如果使盈、不足相与通同,共同买东西的问题,就使所出率以少减多,余,以约除数与被除数。也就是以 $|a_1-a_2|$ 除除数与被除数。约:除。这是为共买物类问题而提出的术文,它表示

$$物价 = \frac{a_1b_2+a_2b_1}{|a_1-a_2|}, \tag{7-2}$$

$$人数 = \frac{b_1+b_2}{|a_1-a_2|}。 \tag{7-3}$$

这一运算也体现出位值制。

[8] 此亦是《九章算术》为共买物类问题提出的方法，即(7-3)式。

[9] 此即物价 $=\dfrac{b_1+b_2}{a_1-a_2}\times a_1-b_1=\dfrac{b_1+b_2}{a_1-a_2}\times a_2+b_2$。

(二) 两盈、两不足术

原文▶

今有共买金，人出四百，盈三千四百；人出三百，盈一百。 问： 人数、金价各几何？

　　　　答曰：

　　　　三十三人，

　　　　金价九千八百[1]。

今有共买羊，人出五，不足四十五；人出七，不足三。 问： 人数、羊价各几何？

　　　　答曰：

　　　　二十一人，

　　　　羊价一百五十[2]。

两盈、两不足术曰： 置所出率，盈、不足各居其下。 令维乘所出率，以少减多，余为实。 两盈、两不足以少减多，余为法。 实如法而一[3]。 有分者，通之。 两盈、两不足相与同其买物者，置所出率，以少减多，余，以约法、实。 实为物价，法为人数[4]。

其一术曰：置所出率，以少减多，余为法。两盈、两不足以少减多，余为实。实如法而一，得人数。以所出率乘之，减盈、增不足，即物价[5]。

译文

假设共同买金，如果每人出 400 钱，盈余 3400 钱；每人出 300 钱，盈余 100 钱。问：人数、金价各多少？

答：

33 人，

金价 9800 钱。

假设共同买羊，如果每人出 5 钱，不足 45 钱；每人出 7 钱，不足 3 钱。问：人数、羊价各多少？

答：

21 人，

羊价 150 钱。

两盈、两不足术：布置所出率，将两盈或两不足分别布置在它们的下方。使两盈或两不足与所出率交叉相乘，以小减大，以余数作为被除数。两盈或两不足以小减大，以余数作为除数。被除数除以除数，即得。如果有分数，就将它们通分。如果使两盈或两不足相与通同，共同买东西的问题，布置所出率，以小减大，用其余数除除数、被除数。除被除数便得到物价，除除数便得到人数。

其一术：布置所出率，以小减大，以余数作为除数。两盈或两不足以小减大，以余数作为被除数。被除数除以除数，便得到人数。分别用所出率乘人数，减去盈余，或加上不足，就是物价。

注释

[1] 这是两盈的问题。设人出 400 钱，记为 a_1，盈 3400 钱，记为 b_1；人出 300 钱，记为 a_2，盈 100 钱，记为 b_2；求人数、金价。将其代入下文的公式(7-6)，得

$$人数 = \frac{3400 钱 - 100 钱}{400 钱 - 300 钱} = 33 人。$$

代入(7-5)式，得

$$金价 = \frac{|400 钱 \times 100 钱 - 300 钱 \times 3400 钱|}{400 钱 - 300 钱} = 9800 钱。$$

[2] 这是两不足的问题。设人出 5 钱，记为 a_1，不足 45 钱，记为 b_1；人出 7 钱，记为 a_2，不足 3 钱，记为 b_2；求人数、羊价。将其代入公式(7-6)，得

$$人数 = \frac{45 钱 - 3 钱}{|5 钱 - 7 钱|} = 21 人。$$

代入(7-5)式，得

$$羊价 = \frac{|5 钱 \times 3 钱 - 7 钱 \times 45 钱|}{|5 钱 - 7 钱|} = 150 钱。$$

[3] 此亦为解决可以化为两盈、两不足的一般算术问题而设，但是《九章算术》没有这类例题。设出 a_1，盈（或不足）b_1，出 a_2，盈（或不足）b_2，《九章算术》提出以

$| a_1b_2 - a_2b_1 |$ 作为被除数,以 $| b_1 - b_2 |$ 作为除数,那么不盈不朒之正数就是

$$不盈不朒之正数 = \frac{| a_1b_2 - a_2b_1 |}{| b_1 - b_2 |}。 \qquad (7\text{-}4)$$

[4] 此是为共买物类问题而设的术文,即

$$物价 = \frac{| a_1b_2 - a_2b_1 |}{| a_1 - a_2 |}, \qquad (7\text{-}5)$$

$$人数 = \frac{| b_1 - b_2 |}{| a_1 - a_2 |}。 \qquad (7\text{-}6)$$

[5] 此亦为共买物类问题而设的方法,求人数的方法同上。求物价的方法:若是两盈的情形,则

$$物价 = \frac{| b_1 - b_2 |}{| a_1 - a_2 |} \times a_1 - b_1 = \frac{| b_1 - b_2 |}{| a_1 - a_2 |} \times a_2 - b_2,$$

若是两不足的情形,则

$$物价 = \frac{| b_1 - b_2 |}{| a_1 - a_2 |} \times a_1 + b_1 = \frac{| b_1 - b_2 |}{| a_1 - a_2 |} \times a_2 + b_2。$$

(三) 盈适足、不足适足术

原文▶

今有共买犬,人出五,不足九十;人出五十,适足。问:人数、犬价各几何?

答曰:

二人,

犬价一百[1]。

今有共买豕[2],人出一百,盈一百;人出九十,适足。

问：人数、豕价各几何？

答曰：

一十人，

豕价九百[3]。

盈适足、不足适足术曰：以盈及不足之数为实。置所出率，以少减多，余为法，实如法得一人[4]。其求物价者，以适足乘人数，得物价[5]。

译文

假设共同买狗，每人出 5 钱，不足 90 钱；每人出 50 钱，适足。问：人数、狗价各多少？

答：

2 人，

狗价 100 钱。

假设共同买猪，每人出 100 钱，盈余 100 钱；每人出 90 钱，适足。问：人数、猪价各多少？

答：

10 人，

猪价 900 钱。

盈适足、不足适足术：以盈或不足之数作为被除数。布置所出率，以小减大，以余数作为除数，被除数除以除数，便得到人数。如果求物价，便以对应于适足的所出率乘人数，就得到物价。

注释

[1] 这是不足适足的问题。设人出 5 钱,记为 a_1,不足 90 钱,记为 b;人出 50 钱,记为 a_2,适足;求人数、狗价。将其代入下文的公式(7-7),得

$$人数 = \frac{90\ 钱}{|5\ 钱 - 50\ 钱|} = 2\ 人。$$

代入(7-8)式,得

$$狗价 = \frac{90\ 钱}{|5\ 钱 - 50\ 钱|} \times 50\ 钱 = 100\ 钱。$$

[2] 豕(shǐ):猪。

[3] 这是盈适足的问题。设人出 100 钱,记为 a_1,盈 100 钱,记为 b;人出 90 钱,记为 a_2,适足;求人数、猪价。将其代入下文的公式(7-7),得

$$人数 = \frac{100\ 钱}{100\ 钱 - 90\ 钱} = 10\ 人,$$

代入(7-8)式,得

$$猪价 = \frac{100\ 钱}{100\ 钱 - 90\ 钱} \times 90\ 钱 = 900\ 钱。$$

[4] 设出 a_1,盈或不足 b,出 a_2,适足,求人数的方法是

$$人数 = \frac{b}{|a_1 - a_2|}。 \tag{7-7}$$

[5] 求物价的方法是

$$物价 = \frac{b}{|a_1 - a_2|} \times a_2。 \tag{7-8}$$

二、用盈不足术求解一般数学问题

（一）线性问题(1)

原文

今有垣高九尺。瓜生其上，蔓日长七寸^[1]；瓠生其下^[2]，蔓日长一尺。问：几何日相逢？瓜、瓠各长几何？

> 答曰：
>
> 五日十七分日之五，
>
> 瓜长三尺七寸一十七分寸之一，
>
> 瓠长五尺二寸一十七分寸之一十六^[3]。

术曰：假令五日，不足五寸；令之六日，有余一尺二寸^[4]。

译文

假设有一堵墙，高 9 尺。一株瓜生在墙顶，它的蔓每日向下长 7 寸；又有一株瓠生在墙根，它的蔓每日向上长 1 尺。问：它们多少日后相逢？瓜与瓠的蔓各长多少？

> 答：
>
> $5\frac{5}{17}$ 日相逢，
>
> 瓜蔓长 3 尺 7$\frac{1}{17}$ 寸，

瓠蔓长 5 尺 2$\frac{16}{17}$寸。

术：假令 5 日相逢,不足 5 寸;假令 6 日相逢,盈余
1 尺 2 寸。

注释

[1] 蔓(wàn)：细长而不能直立的茎,木本曰藤,草
本曰蔓。

[2] 瓠(hù)：蔬菜名,一年生草本,茎蔓生。结实呈
长条状者称为瓠瓜,可入菜;呈短颈大腹者就是葫芦。

[3] 此谓将假令 a_1＝5 日,不足 b_1＝5 寸,假令 a_2＝
6 日,盈 b_2＝12 寸代入盈不足术求不盈不朒之正数的公
式(7-1),得

$$相逢日数＝\frac{5\ 日×12\ 寸＋6\ 日×5\ 寸}{5\ 寸＋12\ 寸}＝5\frac{5}{17}\ 日。$$

由瓜蔓日长 7 寸,得到

瓜蔓长 7 寸/日×5$\frac{5}{17}$日＝7 寸/日×$\frac{90}{17}$日＝37$\frac{1}{17}$寸＝3 尺 7$\frac{1}{17}$寸。

由瓠蔓日长 1 尺＝10 寸,得到

瓠蔓长 10 寸/日×5$\frac{5}{17}$日

＝10 寸/日×$\frac{90}{17}$日＝52$\frac{16}{17}$寸＝5 尺 2$\frac{16}{17}$寸。

[4] 根据刘徽注,假令 a_1＝5 日,瓜蔓长 7 寸/日×5 日＝
35 寸,瓠蔓长 1 尺/日×5 日＝5 尺＝50 寸。垣高 9 尺＝

90 寸，90 寸－(35 寸＋50 寸)＝5 寸，所以说不足 $b_1＝$ 5 寸；令之 $a_2＝6$ 日，瓜蔓长 7 寸/日×6 日＝42 寸，瓠蔓长 1 尺/日×6 日＝6 尺＝60 寸。垣高 9 尺＝90 寸，(42 寸＋60 寸)－90 寸＝12 寸，所以说有余 $b_2＝1$ 尺 2 寸。

（二）非线性问题——等比数列(1)

原文

今有蒲生一日，长三尺[1]；莞生一日，长一尺[2]。蒲生日自半，莞生日自倍[3]。问：几何日而长等？

答曰：

二日十三分日之六，

各长四尺八寸一十三分寸之六[4]。

术曰：假令二日，不足一尺五寸；令之三日，有余一尺七寸半[5]。

译文

假设有一株蒲，第一日生长 3 尺；一株莞第一日生长 1 尺。蒲的生长，后一日是前一日的 $\frac{1}{2}$；莞的生长，后一日是前一日的 2 倍。问：过多少日它们的长才能相等？

答：

过 $2\frac{6}{13}$ 日其长相等，

各长 4 尺 $8\frac{6}{13}$ 寸。

术:假令 2 日它们的长相等,则不足 1 尺 5 寸;假令

3 日,则有盈余 1 尺 7 $\frac{1}{2}$ 寸。

注释

[1] 蒲:香蒲,又称蒲草,多年生水草,叶狭长,可以编制蒲席、蒲包、扇子。这是说,蒲第一日生长 3 尺。

[2] 莞(guān):蒲草类水生植物,俗名水葱。也指莞草编的席子。这是说,莞第一日生长 1 尺。

[3] 这是说,蒲、莞皆以等比数列生长,蒲生长的公比是 $\frac{1}{2}$,莞生长的公比是 2。这是一个非线性问题。

[4] 将假令 $a_1 = 2$ 日,不足 $b_1 = 15$ 寸,假令 $a_2 = 3$ 日,盈 $b_2 = 17\frac{1}{2}$ 寸代入盈不足术求不盈不朒之正数的公式 (7-1),得:

$$日数 = \frac{2 \text{日} \times 17\frac{1}{2}\text{寸} + 3\text{日} \times 15\text{寸}}{15\text{寸} + 17\frac{1}{2}\text{寸}} = 2\frac{6}{13}\text{日}。$$

蒲第一日生长 3 尺,第二日生长 1 $\frac{1}{2}$ 尺。第三日生长 $\frac{3}{4}$ 尺,其中 $\frac{6}{13}$ 日生长 $\frac{3}{4}$ 尺/日 $\times \frac{6}{13}$ 日 $= \frac{9}{26}$ 尺。$2\frac{6}{13}$ 日共生长 3 尺 $+ 1\frac{1}{2}$ 尺 $+ \frac{9}{26}$ 尺 $= 4\frac{11}{13}$ 尺 $= 4$ 尺 8 $\frac{6}{13}$ 寸。莞第一日生长 1 尺,第二日生长 2 尺。第三日生长 4 尺,其中 $\frac{6}{13}$ 日生长

4 尺 $\times \dfrac{6}{13}$ 日 $=1\dfrac{11}{13}$ 尺。$2\dfrac{6}{13}$ 日共生长 1 尺 $+2$ 尺 $+1\dfrac{11}{13}$ 尺 $=$

$4\dfrac{11}{13}$ 尺 $=4$ 尺 $8\dfrac{6}{13}$ 寸。

然而这个解是不准确的。由题设，蒲、莞皆以等比数列生长。

设生长 x 日，则蒲长为 $\left(3-3\times\dfrac{1}{2^x}\right)\div\left(1-\dfrac{1}{2}\right)$，莞长

$(1-2^x)\div(1-2)$。若要它们相等，x 应满足方程

$$\left(3-3\times\dfrac{1}{2^x}\right)\div\left(1-\dfrac{1}{2}\right)=(1-2^x)\div(1-2)。$$

整理得

$$(2^x)^2-7\times2^x+6=0。$$

分解得 $\qquad (2^x-1)(2^x-6)=0。$

第一式 $2^x-1=0$ 的解 $x=0$，不合题意，舍去。第二式

$2^x-6=0$ 即 $2^x=6$，两端取对数，$\lg2^x=\lg6$，得 $x=1+\dfrac{\lg3}{\lg2}$。

[5] 根据刘徽注，假令 $a_1=2$ 日，蒲生长 3 尺 $+1\dfrac{1}{2}$ 尺 $=$

$4\dfrac{1}{2}$ 尺，莞生长 1 尺 $+2$ 尺 $=3$ 尺，$4\dfrac{1}{2}$ 尺 -3 尺 $=1\dfrac{1}{2}$ 尺 $=$

1 尺 5 寸，所以说不足 $b_1=1$ 尺 5 寸；令之 $a_2=3$ 日，蒲生长

3 尺 $+1\dfrac{1}{2}$ 尺 $+\dfrac{3}{4}$ 尺 $=5\dfrac{1}{4}$ 尺，莞生长 1 尺 $+2$ 尺 $+4$ 尺 $=7$ 尺，

7 尺 $-5\dfrac{1}{4}$ 尺 $=1\dfrac{3}{4}$ 尺，所以说有余 $b_2=1$ 尺 $7\dfrac{1}{2}$ 寸。

(三) 双重假设线性问题

原文

今有醇酒一斗，直钱五十；行酒一斗[1]，直钱一十。今将钱三十，得酒二斗。问：醇、行酒各得几何？

答曰：

醇酒二升半，

行酒一斗七升半[2]。

术曰：假令醇酒五升，行酒一斗五升，有余一十；令之醇酒二升，行酒一斗八升，不足二[3]。

译文

假设 1 斗醇酒值 50 钱，1 斗行酒值 10 钱。现在用 30 钱买得 2 斗酒。问：醇酒、行酒各得多少？

答：

醇酒 $2\frac{1}{2}$ 升，

行酒 1 斗 $7\frac{1}{2}$ 升。

术：假令买得醇酒 5 升，那么行酒就是 1 斗 5 升，则有盈余 10 钱；假令买得醇酒 2 升，那么行酒就是 1 斗 8 升，则不足 2 钱。

注释

[1]醇酒：酒味醇厚的美酒。行(háng)酒：劣质酒。

行：质量差。

[2] 利用一种酒，比如醇酒进行假令，如果醇酒 $a_1=5$ 升(则行酒 1 斗 5 升)，盈余 $b_1=10$ 钱，如果醇酒 $a_2=2$ 升(则行酒 1 斗 8 升)，不足 $b_2=2$ 钱，代入盈不足术求不盈不朒之正数的公式(7-1)，得到

$$醇酒数 = \frac{5\ 升 \times 2\ 钱 + 2\ 升 \times 10\ 钱}{2\ 钱 + 10\ 钱} = 2\frac{1}{2}\ 升。$$

那么行酒数 $= 2\ 斗 - 2\frac{1}{2}\ 升 = 1\ 斗\ 7\frac{1}{2}\ 升。$

[3] 根据刘徽注，由于醇酒 1 斗值 50 钱，那么假令醇酒 $a_1=5$ 升，则值 50 钱/斗 $\times \frac{1}{2}$ 斗 $= 25$ 钱。行酒应该是 2 斗 $-$ 5 升 $= 1$ 斗 5 升 $= 1\frac{1}{2}$ 斗。行酒 1 斗值 10 钱，那么 $1\frac{1}{2}$ 斗值 10 钱/斗 $\times 1\frac{1}{2}$ 斗 $= 15$ 钱。因此，有余 $b_1 = (25\ 钱 + 15\ 钱)$ $- 30$ 钱 $= 10$ 钱。令之醇酒 $a_1 = 2$ 升 $= \frac{1}{5}$ 斗，则值 50 钱/斗 $\times \frac{1}{5}$ 斗 $= 10$ 钱。行酒应该是 2 斗 $-$ 2 升 $= 1$ 斗 8 升 $= 1\frac{4}{5}$ 斗，那么 $1\frac{4}{5}$ 斗值 10 钱/斗 $\times 1\frac{4}{5}$ 斗 $= 18$ 钱。

因此，不足 $b_2 = 30$ 钱 $- (10$ 钱 $+ 18$ 钱$) = 2$ 钱。

原文

今有黄金九枚,白银一十一枚,称之重,适等。 交易其一,金轻十三两。 问: 金、银一枚各重几何?

　　答曰:

　　金重二斤三两一十八铢,

　　银重一斤一十三两六铢。

术曰: 假令黄金三斤,白银二斤一十一分斤之五,不足四十九,于右行。 令之黄金二斤,白银一斤一十一分斤之七,多一十五,于左行[1]。 以分母各乘其行内之数,以盈、不足维乘所出率,并,以为实。 并盈、不足为法。 实如法,得黄金重[2]。 分母乘法以除,得银重[3]。 约之得分也。

译文

假设有 9 枚黄金,11 枚白银,称它们的重量,恰好相等。交换其一枚,黄金这边轻 13 两。问:1 枚黄金、1 枚白银各重多少?

　　答:

　　1 枚黄金重 2 斤 3 两 18 铢,

　　1 枚白银重 1 斤 13 两 6 铢。

术:假令 1 枚黄金重 3 斤,1 枚白银重 $2\frac{5}{11}$ 斤,不足是 49,布置于右行。假令 1 枚黄金重 2 斤,1 枚白银重 $1\frac{7}{11}$ 斤,盈是 15,布置于左行。以分母分别乘各自行内之数,以盈、不足与所出率交叉相乘,相加,作为被除数。将盈、不足相加,作为除数。被除数除以除数,便得到1枚黄金的重量。以分母乘除数,以除被除数,便得到1枚白银的重量。将它们约简,得到分数。

注释

[1]《九章算术》的方法是

	左 行	右 行			左 行	右 行
黄金	$a_2=2$	$a_1=3$		黄金	$a_2=2$	$a_1=3$
白银	$a_2=1\frac{7}{11}$	$a_1=2\frac{5}{11}$	或	白银	$a_2=\frac{18}{11}$	$a_1=\frac{27}{11}$
盈不足	$b_2=15$	$b_1=49$		盈不足	$a_2=15$	$b_1=49$

[2] 将黄金 $a_1=3$ 斤,不足 $b_1=49$,黄金 $a_2=2$ 斤,盈余 $b_2=15$ 代入盈不足术求不盈不朒之正数的公式(7-1),得到

$$黄金重=\frac{3斤\times15+2斤\times49}{15+49}=2\frac{15}{64}斤=2斤3两18铢。$$

[3] 将白银 $a_1=\frac{27}{11}$ 斤,不足 $b_1=49$,白银 $a_2=\frac{18}{11}$ 斤,盈余 $b_2=15$ 代入盈不足术求不盈不朒之正数的公式(7-1),得到

$$白银重=\frac{\frac{27}{11}斤\times15+\frac{18}{11}斤\times49}{15+49}=1\frac{53}{64}斤=1斤13两6铢。$$

(四) 非线性问题——等差数列

原文

今有良马与驽马发长安[1]，至齐。齐去长安三千里。良马初日行一百九十三里，日增一十三里，驽马初日行九十七里，日减半里。良马先至齐，复还迎驽马。问：几何日相逢及各行几何？

　　答曰：

　　一十五日一百九十一分日之一百三十五而相逢，良马行四千五百三十四里一百九十一分里之四十六，

　　驽马行一千四百六十五里一百九十一分里之一百四十五[2]。

术曰：假令十五日，不足三百三十七里半。令之十六日，多一百四十里[3]。

以盈、不足维乘假令之数，并而为实。并盈、不足为法。实如法而一，得日数。不尽者，以等数除之而命分[4]。求良马行者：十四乘益疾里数而半之，加良马初日之行里数，以乘十五日，得良马十五日之凡行[5]。又以十五乘益疾里数，加良马初日之行[6]。以乘日分子，如日分母而一。所得，加前良马凡行里数，即得[7]。其不尽而命分。求驽马行者：以十四乘半里，又半之，以减驽马初日

之行里数，以乘十五日，得驽马十五日之凡行[8]。又以十五日乘半里，以减驽马初日之行[9]。 余，以乘日分子，如日分母而一。 所得，加前里，即驽马定行里数[10]。 其奇半里者，为半法，以半法增残分，即得。 其不尽者而命分[11]。

译文

假设有良马与劣马自长安出发到齐。齐距长安有 3000 里。良马第 1 日走 193 里，每日增加 13 里，劣马第 1 日走 97 里，每日减少 $\frac{1}{2}$ 里。良马先到达齐，又回头迎接劣马。问：它们几日相逢及各走多少？

　　答：

　　$15\frac{135}{191}$ 日相逢，

　　　良马走 $4534\frac{46}{191}$ 里，

　　　劣马走 $1465\frac{145}{191}$ 里。

术：假令它们 15 日相逢，不足 $337\frac{1}{2}$ 里。假令 16 日相逢，多了 140 里。以盈、不足与假令之数交叉相乘，相加而作为被除数。将盈、不足相加作为除数。被除数除以除数，而得到相逢日数。如果除不尽，就以等数约简之而命名一个分数。求良马走的里数：以 14 乘每日增加的里数而除以 2，加良马第 1 日所走的里数,以 15 日乘之,便得到良马 15 日走的总里数。又以 15 乘每日增加的里数,加良马第 1 日所走的里数。以此乘第 16 日的分子,除以第 16 日的分母。所得的结果,加良马前面走的总里数,就得到良马所走的确定里数。如果除不尽就命名一个分数。

求劣马走的里数:以 14 乘 $\frac{1}{2}$ 里,又除以 2,以减劣马第 1 日所走的里数,以此乘 15 日,便得到劣马 15 日走的总里数。又以 15 日乘 $\frac{1}{2}$ 里,以此减劣马第 1 日所走的里数。以其余数乘第 16 日的分子,除以第 16 日的分母。所得的结果,加劣马前面走的总里数,就是劣马所走的确定里数。其余数是 $\frac{1}{2}$ 里的,就以 2 作为除数,将以 2 为法的分数加到剩余的分数上,即得到结果。如果除不尽,就命名一个分数。

> **注释**

[1] 驽马:能力低下的马,劣马。

[2] 假令 $a_1 = 16$ 日相逢,盈余 $b_1 = 140$ 里,假令 $a_2 = 15$ 日,不足 $b_2 = 337\frac{1}{2}$ 里,将其代入盈不足术求不盈不朒之正数公式(7-1),得到

$$相逢日数 = \frac{16 \text{日} \times 337\frac{1}{2}\text{里} + 15 \text{日} \times 140 \text{里}}{140 \text{里} + 337\frac{1}{2}\text{里}} = 15\frac{135}{191}\text{日}。$$

设良马益疾里数为 $d_1=13$ 里，第一日所行为 u_1，15 日所行里数为 $S_{15}=4260$ 里。良马在第 16 日所行里数

$$u_{16}=a_1+15\times d_1=193\text{ 里}+15\times 13\text{ 里}=388\text{ 里}。$$

在第 16 日的 $\frac{135}{191}$ 中所行为 $388\text{ 里}\times\frac{135}{191}=274\frac{46}{191}$ 里。

良马在 $15\frac{135}{191}$ 日中共行 $4260\text{ 里}+274\frac{46}{191}\text{ 里}=4534\frac{46}{191}$ 里。

驽马 15 日所行里数为 $S_{15}'=1402\frac{1}{2}$ 里。驽马第 16 日所行里数

$$v_{16}=v_1-15\times d_2=97\text{ 里}-15\times\frac{1}{2}\text{ 里}=89\frac{1}{2}\text{ 里}。$$

驽马在第 16 日的 $\frac{135}{191}$ 中所行为 $89\frac{1}{2}\text{ 里}\times\frac{135}{191}=63\frac{99}{382}$ 里。

驽马在 $15\frac{135}{191}$ 日中共行 $1402\frac{1}{2}\text{ 里}+63\frac{99}{382}\text{ 里}=1465\frac{145}{191}$ 里。

然而，此问也是非线性问题，因而答案是近似的。由下文所给出的等差数列求和公式（7-9），设良、驽二马 n 日相逢，则良马所行为

$$S_n=\left[193+\frac{(n-1)\times 13}{2}\right]n。$$

驽马所行为

$$S_n'=\left[97+\frac{(n-1)\times\frac{1}{2}}{2}\right]n。$$

依题设

$$S_n + S_n{}'$$

$$= \left[193 + \frac{(n-1)\times 13}{2}\right]n + \left[97 + \frac{(n-1)\times \frac{1}{2}}{2}\right]n = 6000。$$

整理得 $5n^2 + 227n = 4800,$

$$n = \frac{1}{10}(\sqrt{147529} - 227)$$ 为相逢日。

[3] 假令 $a_1 = 15$ 日相逢,由下文的 (7-9) 式,良马 15 日行

$$S_{15} = \left[u_1 + \frac{14d_1}{2}\right]\times 15 = \left[193 \text{ 里} + \frac{14\times 13 \text{ 里}}{2}\right]\times 15 = 4260 \text{ 里},$$

需要回迎驽马 (4260 里 - 3000 里) = 1260 里。驽马 15 日行

$$S_{15}{}' = \left[v_1 - \frac{(n-1)d_2}{2}\right]n = \left[97 - \frac{14\times \frac{1}{2}}{2}\right]\times 15 = 1402\frac{1}{2} \text{ 里}。$$

$$3000 \text{ 里} - \left(1260 \text{ 里} + 1402\frac{1}{2} \text{ 里}\right) = 337\frac{1}{2} \text{ 里},$$

所以说不足 $b_2 = 337\frac{1}{2}$ 里。

假令 $a_2 = 16$ 日相逢,良马 16 日行

$$S_{16} = \left[u_1 + \frac{15d_1}{2}\right]\times 16$$

$$= \left[193 \text{ 里} + \frac{15\times 13 \text{ 里}}{2}\right]\times 16 = 4648 \text{ 里},$$

需要回迎驽马(4648 里－3000 里)＝1648 里。驽马 16 日行

$$S_{16}{}' = \left[v_1 - \frac{(n-1)d_2}{2}\right]n = \left[97 - \frac{15 \times \frac{1}{2}}{2}\right] \times 16 = 1492 \text{ 里。}$$

(1648 里＋1492 里)－3000 里＝140 里，

所以说多了 $b_2 = 140$ 里。

[4] 这是说,假令 a_1 日相逢,盈余 b_1 里,假令 a_2 日相逢,不足 b_2 里,由求不盈不朒的正数的公式(7-1),得到

$$相逢日数 = \frac{a_1 b_2 + a_2 b_1}{b_1 + b_2}。$$

[5] 这是说,设良马益疾里数为 d_1,第 n 日所行为 u_n,这是说良马 15 日所行里数为

$$S_{15} = \left[u_1 + \frac{14d_1}{2}\right] \times 15。$$

这里实际上使用了等差数列求和公式

$$S_n = \left[u_1 + \frac{(n-1)d}{2}\right]n。 \qquad (7\text{-}9)$$

这是中国数学史上第一次有记载的等差数列求和公式,其中 u_1 是等差数列的首项,d 是其公差。

[6] 此给出了良马在第 16 日所行里数

$$u_{16} = u_1 + 15 \times d_1。$$

这里实际上使用了等差数列的通项公式

$$u_n = u_1 + nd。$$

这是中国数学史上第一次有记载的等差数列通项公式。

[7] 这是说,以良马在第 16 日的 $\dfrac{135}{191}$ 中所行里数加上前 15 日所行里数,就是良马所行总里数。

[8] 设驽马日减里数为 d_2,设第 n 日所行为 v_n,那么驽马 15 日所行里数为

$$S_n{}' = \left[v_1 - \frac{(n-1)d_2}{2} \right] n 。$$

[9] 这是说,驽马第 16 日所行里数

$$v_{16} = v_1 - 15 \times d_2 。$$

[10] 这是说,以驽马在第 16 日的 $\dfrac{135}{191}$ 中所行里加上前 15 日所行里数,就是驽马所行总里数。

[11] 这是说,如果除不尽,就以法作分母命名一个分数。

(五) 非线性问题——等比数列(2)

原文

今有垣厚五尺,两鼠对穿。 大鼠日一尺,小鼠亦日一尺。 大鼠日自倍,小鼠日自半[1]。 问: 几何日相逢? 各穿几何?

答曰:

二日一十七分日之二。

大鼠穿三尺四寸十七分寸之一十二,

小鼠穿一尺五寸十七分寸之五[2]。

术曰：假令二日，不足五寸；令之三日，有余三尺七寸半[3]。

译文►

假设有一堵墙，5尺厚，两只老鼠相对穿洞。大老鼠第一日穿1尺，小老鼠第一日也穿1尺。大老鼠每日比前一日加倍，小老鼠每日比前一日减半。问：它们几日相逢？各穿多长？

答：

$2\dfrac{2}{17}$日相逢。

大老鼠穿3尺$4\dfrac{12}{17}$寸，

小老鼠穿1尺$5\dfrac{5}{17}$寸。

术：假令二鼠2日相逢，不足5寸；假令3日相逢，有盈余3尺7$\dfrac{1}{2}$寸。

注释►

[1]日自倍：后一日所穿是前一日的2倍，则各日所穿是以2为公比的递增等比数列。日自半：后一日所穿是前一日的$\dfrac{1}{2}$倍，则各日所穿是以$\dfrac{1}{2}$为公比的递减等比数列。

[2]将假令$a_1=2$日，不足$b_1=5$寸，假令$a_2=3$日，

盈余 $b_2 = 37\frac{1}{2}$ 寸代入盈不足术求不盈不朒的正数的公式(7-1),得到

$$相逢日数 = \cfrac{2\;日 \times 37\frac{1}{2}寸 + 3\;日 \times 5\;寸}{5\;寸 + 37\frac{1}{2}寸} = 2\frac{2}{17}日。$$

大鼠第一日穿 1 尺,第二日穿 2 尺,第三日穿 4 尺,那么第三日的 $\frac{2}{17}$ 日穿 4 尺 $\times \frac{2}{17} = \frac{8}{17}$ 尺,$2\frac{2}{17}$ 日共穿

$$1\;尺 + 2\;尺 + \frac{8}{17}尺 = 3\frac{8}{17}尺 = 3\;尺\,4\frac{12}{17}寸。$$

小鼠第一日穿 1 尺,第二日穿 $\frac{1}{2}$ 尺,第三日穿 $\frac{1}{4}$ 尺,那么第三日的 $\frac{2}{17}$ 日穿 $\frac{1}{4}$ 尺 $\times \frac{2}{17} = \frac{1}{34}$ 尺,$2\frac{2}{17}$ 日共穿

$$1\;尺 + \frac{1}{2}尺 + \frac{1}{34}尺 = 1\frac{9}{17}尺 = 1\;尺\,5\frac{5}{17}寸。$$

然此亦为近似解。求其准确解的方法是:设二鼠 n 日相逢,则大、小鼠所穿分别为

$$S_n = \cfrac{1\;尺 \times (1 - 2^n)}{1 - 2} = (2^n - 1)\;尺,$$

$$S_n{}' = \cfrac{1\;尺 \times \left[1 - \left(\frac{1}{2}\right)^n\right]}{1 - \frac{1}{2}} = 2 \times \frac{(2^n - 1)}{2^n}\;尺。$$

由题设(2^n-1)尺$+2\times\dfrac{(2^n-1)}{2^n}$尺$=5$尺。整理得

$$2^{2n}-4\times2^n-2=0,$$

于是

$$n=\frac{\lg(2+\sqrt{6})}{\lg2}。$$

[3]假令$a_1=2$日大鼠与小鼠相逢,大鼠第一日穿1尺,第二日穿2尺。小鼠第一日穿1尺,第二日穿5寸。共穿4尺5寸。5尺-4尺5寸$=5$寸,所以说不足$b_1=5$寸;令之$a_2=3$日,大鼠第三日穿4尺,小鼠第三日穿$2\dfrac{1}{2}$寸。共8尺$7\dfrac{1}{2}$寸。8尺$7\dfrac{1}{2}$寸-5尺$=3$尺$7\dfrac{1}{2}$寸,所以说有余$b_2=3$尺$7\dfrac{1}{2}$寸。

第八卷　方程[1]

一、三种基本方法

(一) 方程术——线性方程组解法

原文

今有上禾三秉[2]，中禾二秉，下禾一秉，实三十九斗；上禾二秉，中禾三秉，下禾一秉，实三十四斗；上禾一秉，中禾二秉，下禾三秉，实二十六斗。问：上、中、下禾实一秉各几何？

　　答曰：

　　上禾一秉九斗四分斗之一，

　　中禾一秉四斗四分斗之一，

　　下禾一秉二斗四分斗之三。

方程术曰：置上禾三秉，中禾二秉，下禾一秉，实三十九斗于右方。中、左禾列如右方[3]。以右行上禾遍乘中行，而以直除[4]。又乘其次，亦以直除。复去左行首[5]。然以中行中禾不尽者遍乘左行，而以直除。左方下禾不尽者，上为法，下为实。实即下禾之实[6]。求中禾，以法乘中行下实，而除下禾之实[7]。余，如中禾秉数而一，即

中禾之实[8]。 求上禾，亦以法乘右行下实，而除
下禾、中禾之实[9]。 余，如上禾秉数而一，即上
禾之实[10]。 实皆如法，各得一斗[11]。

译文

假设有 3 捆上等禾，2 捆中等禾，1 捆下等禾，共有颗实 39
斗；2 捆上等禾，3 捆中等禾，1 捆下等禾，共有颗实 34 斗；
1 捆上等禾，2 捆中等禾，3 捆下等禾，共有颗实 26 斗。问：
1 捆上等禾、1 捆中等禾、1 捆下等禾的颗实各是多少？

答：

1 捆上等禾颗实 $9\dfrac{1}{4}$ 斗，

1 捆中等禾颗实 $4\dfrac{1}{4}$ 斗，

1 捆下等禾颗实 $2\dfrac{3}{4}$ 斗。

方程术：在右行布置 3 捆上等禾，2 捆中等禾，1 捆下
等禾，共有颗实 39 斗。中行、左行的禾也如右行那
样列出。以右行的上等禾的捆数乘整个中行，而以
右行与之对减。又以右行上等禾的捆数乘下一行，
亦以右行对减。再消去左行头一位。然后以中行的
中等禾没有减尽的捆数乘整个左行，而以中行对减。
左行的下等禾没有减尽的，上方的作为除数，下方的
作为被除数。这里的被除数就是下等禾之颗实斗
数。如果要求中等禾的颗实斗数，就以左行的除数

乘中行下方的颗实斗数,而减去下等禾之颗实斗数。它的余数除以中等禾的捆数,就是 1 捆中等禾的颗实斗数。如果要求上等禾的颗实斗数,也以左行的除数乘右行下方的颗实斗数,而减去下等禾、中等禾的颗实斗数。其余数除以上等禾的捆数,就是 1 捆上等禾的颗实斗数。各种禾的颗实斗数皆除以除数,分别得 1 捆的颗实斗数。

注释

[1] 方程:中国古典数学的重要科目,“九数”之一,即今天的线性方程组解法,与今天的“方程”的含义不同。今天的方程在古代称为开方。“方程”的本义是并而程之。方:并也。因此,方程就是并而程之,即将诸物之间的几个数量关系并列起来,考察其度量标准。一个数量关系排成有顺序的一行,像一枝竹或木棍。将它们一行行并列起来,恰似一条竹筏或木筏,这正是方程的形状。

[2] 禾:粟,今天的小米。又指庄稼的茎秆,这里应该是带谷穗的谷秸。秉:禾束,禾把。

[3] 这是列出方程,如图 8-1(1)所示,其中以阿拉伯数字代替算筹数字。设 x, y, z 分别表示上、中、下禾一秉之实,它相当于线性方程组

$$3x + 2y + z = 39$$
$$2x + 3y + z = 34$$
$$x + 2y + 3z = 26。$$

[4] 遍乘：整个地乘，普遍地乘。遍：普遍地。直除：面对面相减，两行对减。直：当，临。除：减。这是以右行上禾系数 3 乘整个中行，如图 8-1(2)所示。然后以右行与中行对减，两次减，中行上禾的系数变为 0，如图 8-1(3)所示。它相当于线性方程组

$$3x+2y+z=39$$
$$5y+z=24$$
$$x+2y+3z=26。$$

[5] 这是以右行上禾系数 3 乘整个左行，以右行直减左行，使左行上禾系数也化为 0，如图 8-1(4)所示。它相当于线性方程组

$$3x+2y+z=39$$
$$5y+z=24$$
$$4y+8z=39。$$

[6] 左行下禾系数为 36，颗实斗数为 99 斗。下禾系数与颗实斗数有公约数 9，以其约简，下禾系数为 4，作为除数，颗实斗数就是被除数，为 11。被除数只是下禾的颗实斗数。如图 8-1(5)所示，它相当于线性方程组

$$3x+2y+z=39$$
$$5y+z=24$$
$$4z=11。$$

[7] 这是说，为了求中禾，以左行的除数（即下禾的捆数）乘中行的下方的颗实斗数，减去左行下禾的颗实斗数，即 $24×4-11=85$。

〔8〕这是说,中禾颗实斗数的余数除以中行的中禾的捆数,就是中禾的颗实斗数,即以

$$(24 \times 4 - 11 \times 1) \div 5 = 17$$

为中禾的颗实斗数,仍以左行的除数 4 作为除数,这便得到形如 8-1(6)的方程。

〔9〕这是说,如果求上禾,也以左行的除数乘右行下方的颗实斗数,减去左行下禾的颗实斗数乘右行下禾的捆数,再减去中行中禾的颗实斗数乘右行中禾的捆数,即

$$39 \times 4 - 11 \times 1 - 17 \times 2 = 111。$$

〔10〕这是说,其余数除以上禾的捆数,就是 1 捆上禾的颗实斗数。余:指以左行的除数乘右行下方的颗实斗数,减去左行下禾的颗实斗数乘右行下禾的捆数,再减去中行中禾的颗实斗数乘右行中禾的捆数的余数。它除以右行上禾的捆数,就是上禾的颗实斗数,仍以左行的除数作为除数,即

$$(39 \times 4 - 11 \times 1 - 17 \times 2) \div 3 = 37,$$

仍以 4 作为除数。这便得到形如图 8-1(7)所示的方程。这里在消去中、左行的首项及左行的中项之后,没有再用直除法,而是采用类似于今天的代入法的方法求解。

〔11〕这是说,各行的颗实斗数皆除以除数,分别得 1 捆的颗实斗数,即得到 1 捆上禾的颗实斗数 $x = 9\frac{1}{4}$ 斗,1 捆中禾的颗实斗数 $y = 4\frac{1}{4}$ 斗,1 捆下禾的颗实斗数 $z = 2\frac{3}{4}$ 斗。

1	2	3		1	6	3		1	0	3		0	0	3
2	3	2		2	9	2		2	5	2		4	5	2
3	1	1		3	3	1		3	1	1		8	1	1
26	34	39		26	102	39		26	24	39		39	24	39
	(1)				(2)				(3)				(4)	

0	0	3		0	0	12		0	0	4
0	5	2		0	4	8		0	4	0
4	1	1		4	0	0		4	0	0
11	24	39		11	17	145		11	17	37
	(5)				(6)				(7)	

图 8-1

注：与今天一般以横排为行，以竖排为列相反，在中国古代，是以竖排为行，以横排为列。

（二）损益——列方程的方法

原文

今有上禾七秉，损实一斗，益之下禾二秉，而实一十斗；下禾八秉，益实一斗，与上禾二秉，而实一十斗[1]。问：上、下禾实一秉各几何？

答曰：

上禾一秉实一斗五十二分斗之一十八，

下禾一秉实五十二分斗之四十一。

术曰：如方程。损之曰益，益之曰损[2]。损实一斗者，其实过一十斗也；益实一斗者，其实不满一十斗也[3]。

译文

假设有 7 捆上等禾，如果它的颗实减损 1 斗，又增益 2 捆下等禾，而颗实共是 10 斗；有 8 捆下等禾，如果它的颗实增益 1 斗，与 2 捆上等禾，而颗实共是 10 斗。问：1 捆上等禾、下等禾的颗实各是多少？

答：

1 捆上等禾的颗实是 $1\dfrac{18}{52}$ 斗，

1 捆下等禾的颗实是 $\dfrac{41}{52}$ 斗。

术：如同方程术那样求解。在此处减损某量，也就是说在彼处增益同一个量；在此处增益某量，也就是说在彼处减损同一个量。"它的颗实减损 1 斗"，就是它的颗实超过 10 斗的部分；"它的颗实增益 1 斗"，就是它的颗实不满 10 斗的部分。

注释

[1] 设 x,y 分别表示上、下禾一捆的颗实，题设相当于给出关系

$$(7x-1)+2y=10$$
$$2x+(8y+1)=10。$$

[2] 这是说，在此处减损某量，相当于在彼处增益同一个量；在此处增益某量，相当于在彼处减损同一个量。损益是建立方程的一种重要方法。

[3] 这是说，通过损益，其线性方程组就是

$$7x+2y=11$$
$$2x+8y=9。$$

以第 1 行 x 的系数 7 乘第 2 行整行，得到 $14x+56y=63$。

两次减第 1 行，得到 $52y=41$。因此 $y=\dfrac{41}{52}$ 斗。代入第 1

行，得到 $x=1\dfrac{18}{52}$ 斗。

（三）正负术——正负数加减法则

原文

今有上禾二秉，中禾三秉，下禾四秉，实皆不满斗。 上取中、中取下、下取上各一秉而实满斗[1]。 问：上、中、下禾实一秉各几何？

答曰：

上禾一秉实二十五分斗之九，

中禾一秉实二十五分斗之七，

下禾一秉实二十五分斗之四。

术曰： 如方程。 各置所取。 以正负术入之[2]。

正负术曰[3]： 同名相除，异名相益[4]，正无人负之，负无人正之[5]。 其异名相除，同名相益[6]，正无人正之，负无人负之[7]。

译文

假设有 2 捆上等禾，3 捆中等禾，4 捆下等禾，它们各自的颗

实都不满 1 斗。如果上等禾借取中等禾、中等禾借取下等禾、下等禾借取上等各 1 捆,则它们的颗实恰好都满 1 斗。问:1 捆上等禾、中等禾、下等禾的颗实各是多少?

答:

1 捆上等禾的颗实是 $\dfrac{9}{25}$ 斗,

1 捆中等禾的颗实是 $\dfrac{7}{25}$ 斗,

1 捆下等禾的颗实是 $\dfrac{4}{25}$ 斗。

术:如同方程术那样求解。分别布置所借取的数量。将正负术纳入之。

正负术:相减的两个数如果符号相同,则它们的数值相减,相减的两个数如果符号不相同,则它们的数值相加。正数如果没有相对减的数,就变成负的;负数如果没有相对减的数,就变成正的。相加的两个数如果符号不相同,则它们的数值相减;相加的两个数如果符号相同,则它们的数值相加。正数如果没有相对加的数仍然是正数,负数如果没有相对加的数仍然是负数。

注释 ▶

[1] 设 x,y,z 分别表示上、中、下禾一捆的颗实,它相当于线性方程组

$$2x+y=1$$
$$3y+z=1$$

$$x + 4z = 1。$$

如图 8-2(1)所示。

［2］这是说将正负术纳入其解法。入：纳入。此问的方程在消去左行上禾的系数时,其中会出现 $0-1=-1$ 的运算,从而变成

$$2x + y = 1$$
$$3y + z = 1$$
$$-y + 8z = 1。$$

如图 8-2(2)所示,所以要将正负术纳入此术的解法。宋元时期常在算筹数字的末位放置一枚斜筹表示负数。用第 2 行 y 的系数 3 乘第 3 行整行,与第 2 行相加,得到 $25z = 4$。于是 $z = \dfrac{4}{25}$(斗)。将其代入第 2 行,得到 $y = \dfrac{7}{25}$ 斗。将 z, y 的值代入第 1 行,得到 $x = \dfrac{9}{25}$ 斗。

1	0	2		0	0	2
0	3	1		-1	3	1
4	1	0		8	1	0
1	1	1		1	1	1
	(1)				(2)	

图 8-2

［3］正负术即正负数加减法则。《九章算术》中负数的引入及正负数加减法则的提出,都是世界上最早的,超

前其他文化传统几百年甚至上千年。

[4] 相减的两个数如果符号相同,则它们的数值相减。相减的两个数如果符号不同,则它们的数值相加。这是正负数减法法则。名:名分,指称,此处即今天的正负号。同名:即同号。除:这里是减的意思。这是说符号相同的数相减,则它们的数值(这里是绝对值)相减。即

$$(\pm a) - (\pm b) = \pm(a-b), \quad a > b,$$

$$(\pm a) - (\pm b) = \mp(a-b), \quad a < b。$$

异名:即不同号。这是说,符号不同的数相减,则它们的数值(这里是绝对值)相加。即

$$(\pm a) - (\mp b) = \pm(a+b)。$$

[5] 这是说,正数没有与之对减的数,则为负数。无人:就是"无偶"。人:偶,伴侣,相对者。即

$$0 - (+a) = -a, \quad a > 0。$$

负数没有与之对减的数,则为正数。即

$$0 - (-a) = +a, \quad a > 0。$$

[6] 这是正负数加法法则。如果两者是异号的,则它们的数值(这里是绝对值)相减。即

$$(\pm a) + (\mp b) = \pm(a-b), \quad a > b。$$

如果相加的两者是同号的,则它们的数值(这里是绝对值)相加。即

$$(\pm a)+(\pm b)=\pm(a+b)。$$

[7] 如果正数没有与之相加的数,则仍为正数。即

$$0+(+a)=+a, \quad a>0。$$

如果负数没有与之相加的数,则仍为负数。即

$$0+(-a)=-a, \quad a>0。$$

二、各种例题

(一) 由常数项与未知数的损益列二元方程组用正负术求解

原文 ▶

今有上禾五秉,损实一斗一升,当下禾七秉;上禾七秉,损实二斗五升,当下禾五秉[1]。 问: 上、下禾实一秉各几何?

答曰:

上禾一秉五升,

下禾一秉二升。

术曰: 如方程。 置上禾五秉正,下禾七秉负,损实一斗一升正。 次置上禾七秉正,下禾五秉负,损实二斗五升正[2]。 以正负术入之。

译文

假设有 5 捆上等禾,将它的颗实减损 1 斗 1 升,等于 7 捆下等禾的;7 捆上等禾,将它的颗实减损 2 斗 5 升,等于 5 捆下等禾的。问:1 捆上等禾、下等禾的颗实各是多少?

答:

1 捆上等禾的颗实是 5 升,

1 捆下等禾的颗实是 2 升。

术:如同方程术那样求解。首先,布置上等禾的捆数 5,是正的,下等禾的捆数 7,是负的,减损的颗实 1 斗 1 升,是正的。其次,布置 7 捆上等禾,是正的,5 捆下等禾,是负的,减损的颗实 2 斗 5 升,是正的。将正负术纳入之。

注释

[1] 设 x, y 分别表示上、下禾一捆的颗实,例题的题设相当于给出关系

$$5x - 11 = 7y$$
$$7x - 25 = 5y。$$

[2] 通过常数项和未知数的损益,列出二元线性方程组

$$5x - 7y = 11$$
$$7x - 5y = 25。$$

第二个未知数的系数都是负数,用正负术求解。以第 1 行 x 的系数 5 乘第 2 行整行,七次减第 1 行,得到 $24y=48$。因此 $y=2$ 升。代入第 1 行,得到 $5x=25$ 升。因此 $x=5$ 升。

(二)刘徽创造互乘相消法的牛羊直金问

原文

今有牛五、羊二,直金十两;牛二、羊五,直金八两[1]。问:牛、羊各直金几何?

答曰:

牛一直金一两二十一分两之一十三,

羊一直金二十一分两之二十。

术曰:如方程[2]。

译文

假设有 5 头牛、2 只羊,值 10 两金;2 头牛、5 只羊,值 8 两金。问:1 头牛、1 只羊各值多少金?

答:

1 头牛值 $1\dfrac{13}{21}$ 两金,

1 只羊值 $\dfrac{20}{21}$ 两金。

术:如同方程术那样求解。

注释

[1] 直：值，值钱。设 x, y 分别表示 1 只牛、1 只羊的价钱，题设给出二元线性方程组，如图 8-3(1)所示。

$$5x + 2y = 10$$

$$2x + 5y = 8。$$

[2]《九章算术》用方程术求解。刘徽则创造了互乘相消法：用头位的系数互相乘另外一行，如图 8-3(2)所示。

$$10x + 4y = 20$$

$$10x + 25y = 40。$$

以第 1 行减第 2 行，得到 $21y = 20$，如图 8-3(2)所示。

于是 $y = \dfrac{20}{21}$ 两。将其代入第 1 行，得到 $5x + 2 \times \dfrac{20}{21} = 10$。

于是 $x = 1\dfrac{13}{21}$ 两。

2	5		10	10		0	10
5	2		25	4		21	4
8	10		40	20		20	20
(1)			(2)			(3)	

图 8-3

(三) 由未知数的损益列三元方程组用正负术求解

原文▶

今有卖牛二、羊五，以买一十三豕，有余钱一千；卖牛三、豕三，以买九羊，钱适足；卖六羊、八豕，以买五牛，钱不足六百[1]。问：牛、羊、豕价各几何？

　　答曰：

　　牛价一千二百，

　　羊价五百，

　　豕价三百。

　　术曰：如方程。置牛二、羊五正，豕一十三负，余钱数正；次，牛三正，羊九负，豕三正；次，五牛负，六羊正，八豕正，不足钱负。以正负术入之[2]。

译文▶

假设卖了 2 头牛、5 只羊，用来买 13 只猪，还剩余 1000 钱；卖了 3 头牛、3 只猪，用来买 9 只羊，钱恰好足够；卖了 6 只羊、8 只猪，用来买 5 头牛，不足 600 钱。问：1 头牛、1 只羊、1 只猪的价格各是多少？

　　答：

　　1 头牛的价格是 1200 钱，

　　1 只羊的价格是 500 钱，

　　1 只猪的价格是 300 钱。

　　术：如同方程术那样求解。布置牛的头数 2、羊的只数 5,都是正的,猪的只数 13,是负的,余钱数是正的;接着布置牛的头数 3,是正的,羊的只数 9,是负的,猪的只数 3,是正的;再布置牛的头数 5,是负的,羊的只数 6,是正的,猪的只数 8,是正的,不足的钱是负的。将正负术纳入之。

注释

[1] 设牛、羊、猪价分别是 x,y,z,题设相当于关系式

$$2x+5y=13z+1000$$

$$3x+3z=9y$$

$$6y+8z=5x-600。$$

[2] 由未知数的损益,列出线性方程组,如图 8-4(1) 所示。

$$2x+5y-13z=1000$$

$$3x-9y+3z=0$$

$$-5x+6y+8z=-600。$$

以中行 x 的系数 3 乘左行整行,五次加中行整行,左行变成 $-27y+39z=-1800$。以右行 x 的系数 2 乘中行整行,三次加右行整行,中行变成 $-33y+45z=-3000$。右行不变,如图 8-4(2)所示。以 3 约简左行、中行整行,分别变成 $-9y+13z=-600$ 与 $11y+15z=1000$,如图 8-4(3)所示。以中行 y 的系数 11 乘左行整行,九次加中行,

左行变成 $8z = 2400$，如图 8-4（4）所示。于是 $z = 300$，
$y = 500$，$x = 1200$。

-5	3	2	0	0	2
6	-9	5	-27	33	5
8	3	-13	39	45	-13
-600	0	1000	-1800	3000	1000
	(1)			(2)	
0	0	2	0	0	2
-9	11	5	0	11	5
13	15	-13	8	15	-13
-600	1000	1000	2400	1000	1000
	(3)			(4)	

图 8-4

（四）五雀六燕

原文 ▶

今有五雀六燕，集称之衡，雀俱重，燕俱轻。一雀一燕
交而处，衡适平[1]。并雀、燕重一斤。问：雀、燕一
枚各重几何？

荅曰：

雀重一两一十九分两之一十三，

燕重一两一十九分两之五。

术曰：如方程。交易质之，各重八两[2]。

译文

假设有 5 只麻雀、6 只燕子,分别在衡器上称量之,麻雀重,燕子轻。将 1 只麻雀、1 只燕子交换,衡器恰好平衡。麻雀与燕子合起来共重 1 斤。问:1 只麻雀、1 只燕子各重多少?

答:

1 只麻雀重 $1\frac{13}{19}$两,

1 只燕子重 $1\frac{5}{19}$两。

术:如同方程术那样求解。将 1 只麻雀与 1 只燕子交换,再称量它们,各重 8 两。

注释

[1] 称(chēng):称量。衡:衡器,秤。

[2] 质:称,衡量。"称量"之义当由"质"训评断、评量引申而来。这里实际上给出形如图 8-5(1)所示的方程。设 1 只麻雀、1 只燕子的重量分别为 x,y,它相当于线性方程组

$$4x + y = 8$$
$$x + 5y = 8。$$

以左行 x 的系数 1 乘右行整行,四次减左行,右行变成 $19y = 24$,如图 8-5(2)所示。同样,以右行 x 的系数 4 乘左行整行,一次减右行,左行亦变成 $19y = 24$,如图 8-5(3)所示。

都得 $y=\dfrac{24}{19}$ 两 $=1\dfrac{5}{19}$ 两。代入另一行,得 $x=\dfrac{32}{19}$ 两 $=1\dfrac{13}{19}$ 两。

1	4	1	0	0	5
5	1	5	19	19	1
8	8	8	24	24	8
(1)		(2)		(3)	

图 8-5

(五) 分数系数二元方程组的损益

原文

今有二马、一牛价过一万,如半马之价;一马、二牛价不满一万,如半牛之价[1]。 问: 牛、马价各几何?

答曰:

马价五千四百五十四钱一十一分钱之六,

牛价一千八百一十八钱一十一分钱之二。

术曰: 如方程。 损益之[2]。

译文

假设有 2 匹马、1 头牛,它们的价钱超过 10000 钱的部分,

如同 1 匹马的价钱的 $\dfrac{1}{2}$;1 匹马、2 头牛,它们的价钱不满

10000 钱的部分,如同 1 头牛的价钱的 $\dfrac{1}{2}$ 。问:1 头牛、

1匹马的价钱各是多少?

答:

1匹马的价钱是 $5454\frac{6}{11}$ 钱,

1头牛的价钱是 $1818\frac{2}{11}$ 钱。

术:如同方程术那样求解。先对之减损增益。

注释

[1] 设马、牛的价钱分别是 x,y,《九章算术》的题设相当于给出关系式

$$(2x+y)-10000=\frac{1}{2}x$$

$$10000-(x+2y)=\frac{1}{2}y。$$

[2] 损益之,得出线性方程组

$$1\frac{1}{2}x+y=10000$$

$$x+2\frac{1}{2}y=10000。$$

这里的损益既有未知数系数和常数项的互其算,又有未知数的合并同类项。刘徽说,通过通分纳子,将方程化成

$$3x+2y=20000$$

$$2x+5y=20000。$$

以第1行 x 的系数3乘第2行整行,两次减第1行,第2行

变成 $11y = 20000$ 钱。于是 $y = \dfrac{20000}{11}$ 钱 $= 1818\dfrac{2}{11}$ 钱。将其代

入第 1 行，得到 $x = \dfrac{60000}{11}$ 钱 $= 5454\dfrac{6}{11}$ 钱。

（六）中国古典数学中第一个明确的不定问题——五家共井

原文

今有五家共井，甲二绠不足[1]，如乙一绠；乙三绠不足，以丙一绠；丙四绠不足，以丁一绠；丁五绠不足，以戊一绠；戊六绠不足，以甲一绠。 如各得所不足一绠，皆逮[2]。 问：井深、绠长各几何？

    答曰：

    井深七丈二尺一寸，

    甲绠长二丈六尺五寸，

    乙绠长一丈九尺一寸，

    丙绠长一丈四尺八寸，

    丁绠长一丈二尺九寸，

    戊绠长七尺六寸。

    术曰：如方程。 以正负术入之[3]。

译文

假设有五家共同使用一口井,甲家的 2 根井绳不如井的深度,如同乙家的 1 根井绳;乙家的 3 根井绳不如井的深度,如同丙家的 1 根井绳;丙家的 4 根井绳不如井的深

度,如同丁家的 1 根井绳;丁家的 5 根井绳不如井的深

度,如同戊家的 1 根井绳;戊家的 6 根井绳不如井的深

度,如同甲家的 1 根井绳。如果各家分别得到所不足的

那一根井绳,都恰好及至井底。问:井深及各家的井绳长

度是多少?

答:

井深是 7 丈 2 尺 1 寸,

甲家的井绳长是 2 丈 6 尺 5 寸,

乙家的井绳长是 1 丈 9 尺 1 寸,

丙家的井绳长是 1 丈 4 尺 8 寸,

丁家的井绳长是 1 丈 2 尺 9 寸,

戊家的井绳长是 7 尺 6 寸。

术:如同方程术那样求解。将正负术纳入之。

注释

[1] 绠:从井中取水用的绳索。

[2] 逮(dài):及,及至。设甲、乙、丙、丁、戊绠长与

井深分别是 x, y, z, u, v, w,题设相当于给出线性方程组

$$2x + y = w$$

$$3y + z = w$$

$$4z + u = w$$

$$5u + v = w$$

$$6v + x = w。$$

[3] 这里依方程术求解。但是,列出的方程组有 6 个未知数,却只有 5 行,因而有无穷多组解。事实上,上述方程经过消元,可以化成

$$721x = 265w$$

$$721y = 191w$$

$$721z = 148w$$

$$721u = 129w$$

$$721v = 76w。$$

这实际上给出了

$x : y : z : u : v : w = 265 : 191 : 148 : 129 : 76 : 721$ 。

显然,只要令 $w = 721n, n = 1, 2, 3, \cdots$,都会给出满足题设的 x, y, z, u, v, w 的值。令 $n = 1$,则 $x = 265$ 寸,$y = 191$ 寸,$z = 148$ 寸,$u = 129$ 寸,$v = 76$ 寸,$w = 721$ 寸就是其中的最小一组正整数解,《九章算术》正是把此作为定解。

(七) 用正负术求解五元方程组

原文 ▶

今有麻九斗、麦七斗、菽三斗、荅二斗、黍五斗,直钱一百四十;麻七斗、麦六斗、菽四斗、荅五斗、黍三斗,直钱一百二十八;麻三斗、麦五斗、菽七斗、荅六

斗、黍四斗，直钱一百一十六；麻二斗、麦五斗、菽三斗、苔九斗、黍四斗，直钱一百一十二；麻一斗、麦三斗、菽二斗、苔八斗、黍五斗，直钱九十五[1]。 问：一斗直几何？

　　答曰：

　　麻一斗七钱，

　　麦一斗四钱，

　　菽一斗三钱，

　　苔一斗五钱，

　　黍一斗六钱。

　　术曰： 如方程。 以正负术入之[2]。

译文

假设有 9 斗麻、7 斗小麦、3 斗菽、2 斗苔、5 斗黍，值 140 钱；7 斗麻、6 斗小麦、4 斗菽、5 斗苔、3 斗黍，值 128 钱；3 斗麻、5 斗小麦、7 斗菽、6 斗苔、4 斗黍，值 116 钱；2 斗麻、5 斗小麦、3 斗菽、9 斗苔、4 斗黍，值 112 钱；1 斗麻、3 斗小麦、2 斗菽、8 斗苔、5 斗黍，值 95 钱。问：1 斗麻、小麦、菽、苔、黍各值多少钱？

　　答：

　　1 斗麻值 7 钱，

　　1 斗小麦值 4 钱，

　　1 斗菽值 3 钱，

　　1 斗苔值 5 钱，

1 斗黍值 6 钱。

术：如同方程术那样求解。将正负术纳入之。

注释

[1] 设 1 斗麻、麦、菽、荅、黍的实分别是 x,y,z,u,v，《九章算术》给出的方程相当于线性方程组

$$9x+7y+3z+2u+5v=140$$
$$7x+6y+4z+5u+3v=128$$
$$3x+5y+7z+6u+4v=116$$
$$2x+5y+3z+9u+4v=112$$
$$x+3y+2z+8u+5v=95。$$

[2] 因为消元中会出现负数，所以也用正负术求解。

第九卷　勾股

一、勾股术——勾股定理

 原文

今有勾三尺，股四尺，问：为弦几何[1]？

　　　　荅曰：五尺[2]。

今有弦五尺，勾三尺，问：为股几何？

　　　　荅曰：四尺[3]。

今有股四尺，弦五尺，问：为勾几何？

　　　　荅曰：三尺[4]。

　　勾股术曰：勾、股各自乘，并，而开方除之，即弦[5]。

　　又，股自乘，以减弦自乘，其余，开方除之，即勾[6]。

　　又，勾自乘，以减弦自乘，其余，开方除之，即股[7]。

今有圆材径二尺五寸，欲为方版[8]，令厚七寸。问：广几何？

　　　　荅曰：二尺四寸。

术曰: 令径二尺五寸自乘，以七寸自乘减之，其余，开方除之，即广[9]。

假设勾股形中勾是 3 尺，股是 4 尺，问：相应的弦是多少？

答：5 尺。

假设勾股形中弦是 5 尺，勾是 3 尺，问：相应的股是多少？

答：4 尺。

假设勾股形中股是 4 尺，弦是 5 尺，问：相应的勾是多少？

答：3 尺。

勾股术：勾、股各自乘，相加，而对之作开方除法，就得到弦。

又，股自乘，以它减弦自乘，对其余数作开方除法，就得到勾。

又，勾自乘，以它减弦自乘，对其余数作开方除法，就得到股。

假设有一圆形木材，其截面的直径是 2 尺 5 寸，想把它锯成一条方板，使它的厚为 7 寸。问：它的宽是多少？

答：2 尺 4 寸。

术：使直径 2 尺 5 寸自乘，以 7 寸自乘减之，对其余数，作开方除法，就得到它的宽。

[1]勾：勾股形中短的直角边。股：勾股形中长的直角边。弦：勾股形中的斜边。

[2] 将此例题中的勾 $a=3$ 尺、股 $b=4$ 尺代入下文的勾股术(9-1)式,则其弦为

$$c=\sqrt{a^2+b^2}=\sqrt{(3\ 尺)^2+(4\ 尺)^2}=\sqrt{25\ 尺^2}=5\ 尺。$$

[3] 将此例题中的勾 $a=3$ 尺、弦 $c=5$ 尺代入下文的勾股术(9-3)式,则其股为

$$b=\sqrt{c^2-a^2}=\sqrt{(5\ 尺)^2-(3\ 尺)^2}=\sqrt{16\ 尺^2}=4\ 尺。$$

[4] 将此例题中的股 $b=3$ 尺、弦 $c=5$ 尺代入下文的勾股术(9-2)式,则其勾为

$$a=\sqrt{c^2-b^2}=\sqrt{(5\ 尺)^2-(4\ 尺)^2}=\sqrt{9\ 尺^2}=3\ 尺。$$

[5] 勾股术即勾股定理。设勾、股、弦分别为 a,b,c,勾股定理的第一种形式为

$$c=\sqrt{a^2+b^2} \tag{9-1}$$

勾股形如图 9-1 所示。

[6] 此是勾股定理的第二种形式

$$a=\sqrt{c^2-b^2}。 \tag{9-2}$$

[7] 此是勾股定理的第三种形式

$$b=\sqrt{c^2-a^2}。 \tag{9-3}$$

[8] 版:木板。后作"板"。

[9] 如刘徽注所说,木板的厚、宽和圆材的直径构成一个勾股形的勾、股、弦,由勾股定理(9-3)式,木板的宽为

$$b=\sqrt{c^2-a^2}=\sqrt{(25\ 寸)^2-(7\ 寸)^2}=24\ 寸。$$

如图 9-2 所示。自然,认为木板的厚、宽和圆材的直径构

成一个勾股形,表明在《九章算术》时代,已经认识到圆的直径所对的圆周角是直角。

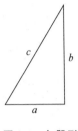

图 9-1　勾股形

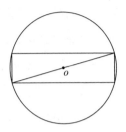

图 9-2　圆材为方版

二、解勾股形

(一) 由勾与股弦差求股、弦

原文

今有池方一丈,葭生其中央,出水一尺。引葭赴岸,适与岸齐。问:水深、葭长各几何[1]?

　　答曰:

　　水深一丈二尺,

　　葭长一丈三尺[2]。

术曰:半池方自乘,以出水一尺自乘,减之。余,倍出水除之,即得水深。加出水数,得葭长[3]。

译文

假设有一水池,1 丈见方,一株芦苇生长在它的中央,露出水面 1 尺。把芦苇扯向岸边,顶端恰好与岸相齐。问:水深、芦苇的长各是多少?

答:

水深是 1 丈 2 尺,

芦苇长是 1 丈 3 尺。

术:将水池边长的 $\frac{1}{2}$ 自乘,以露出水面的 1 尺自乘,减之。其余数,以露出水面的长度的 2 倍除之,就得到水深。加芦苇露出水面的数,就得到芦苇的长。

注释

[1] 葭(jiā):初生的芦苇。葭出水如图 9-3(1)所示,引葭赴岸如图 9-3(2)所示。

[2] 如图 9-3(3)所示,记水池边长为 BE,其一半为 BC,水深为 AC,葭长为 AB。刘徽注认为,这里是以 BC 为勾、AC 为股、AB 为弦,构成一个勾股形 ABC。求水深、葭长就是求这一勾股形的股、弦。已知勾 BC 即 $a = \frac{1}{2}BE = \frac{1}{2} \times 10$ 尺 $= 5$ 尺,露出水面 CD 就是股弦差即 $c - b = AD - AC = 1$ 尺,将 a 与 $c - b$ 代入下文的 (9-4),得到水深

$$b = AC = \frac{a^2 - (c-b)^2}{2(c-b)} = \frac{(5 \text{ 尺})^2 - (1 \text{ 尺})^2}{2 \times 1 \text{ 尺}}$$

$$= 12 \text{ 尺} = 1 \text{ 丈 } 2 \text{ 尺}。$$

$c = AD = AC + (AD - AC) = 12 \text{ 尺} + 1 \text{ 尺} = 13 \text{ 尺} = 1 \text{ 丈 } 3 \text{ 尺},$

就是葭长。

[3]《九章算术》的术文表示

$$a^2 - (c-b)^2 = 2b(c-b)。$$

因此水深 AC 即股 b 为

$$b = \frac{a^2 - (c-b)^2}{2(c-b)}。 \tag{9-4}$$

弦 $c = AB = AD = AC + CD = b + (c-b)$ 就是葭长。

  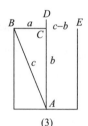

(1) 葭出水图　　　(2) 引葭赴岸图　　　(3)

图 9-3　引葭赴岸

(二) 由弦与勾股差求勾、股

原文

今有户高多于广六尺八寸，两隅相去适一丈。 问：户高、广各几何？

答曰：

广二尺八寸，

高九尺六寸[1]。

术曰： 令一丈自乘为实。 半相多，令自乘，倍之，

减实，半其余。 以开方除之。 所得，减相多之
半，即户广；加相多之半，即户高[2]。

译文

假设有一门户,高比宽多 6 尺 8 寸,两对角相距恰好 1 丈。
问：此门户的高、宽各是多少?

答：

门户的宽是 2 尺 8 寸,

门户的高是 9 尺 6 寸。

术：使 1 丈自乘,作为被除数。取高多于宽的 $\frac{1}{2}$,将

它自乘,加倍,去减被除数,取其余数的 $\frac{1}{2}$。对之作开方

除法。所得到的结果,减去高多于宽的 $\frac{1}{2}$,就是门户的

宽;加上高多于宽的 $\frac{1}{2}$,就是门户的高。

注释

[1] 在这个例题中,户高比宽多 $b-a=6$ 尺 8 寸,两角
的距离 $c=1$ 丈。将其代入下文的(9-5)式,得到

$$户宽=\sqrt{\frac{(1\ 丈)^2-2\left(\dfrac{6\ 尺\ 8\ 寸}{2}\right)^2}{2}}-\frac{1}{2}\times6\ 尺\ 8\ 寸=2\ 尺\ 8\ 寸,$$

代入下文的(9-6)式,得到

$$户高 = \sqrt{\dfrac{(1\,丈)^2 - 2\left(\dfrac{6\,尺\,8\,寸}{2}\right)^2}{2}} + \dfrac{1}{2} \times 6\,尺\,8\,寸 = 9\,尺\,6\,寸。$$

　　[2]这是说将1丈自乘作为被除数。取高多于宽的$\dfrac{1}{2}$,自乘,加倍,减被除数,取其余数的$\dfrac{1}{2}$。对之开方,其结果减去高多于宽的$\dfrac{1}{2}$,就是门户的宽。加上高多于宽的$\dfrac{1}{2}$,就是门户的高。如图9-4所示。此即

$$a = \sqrt{\dfrac{c^2 - 2\left[\dfrac{1}{2}(b-a)\right]^2}{2}} - \dfrac{1}{2}(b-a)。 \qquad (9\text{-}5)$$

$$b = \sqrt{\dfrac{c^2 - 2\left[\dfrac{1}{2}(b-a)\right]^2}{2}} + \dfrac{1}{2}(b-a)。 \qquad (9\text{-}6)$$

图9-4 户高多于宽

(三) 由勾(股)与股(勾)弦和求股、弦

原文

今有竹高一丈，末折抵地，去本三尺。 问：折者高几何[1]？

答曰： 四尺二十分尺之一十一[2]。

术曰： 以去本自乘，令如高而一，所得，以减竹高而半余，即折者之高也[3]。

今有二人同所立。 甲行率七，乙行率三。 乙东行，甲南行十步而邪东北与乙会[4]。 问：甲、乙行各几何？

答曰：

乙东行一十步半，

甲邪行一十四步半及之[5]。

术曰： 令七自乘，三亦自乘，并而半之，以为甲邪行率。 邪行率减于七自乘，余为南行率。 以三乘七为乙东行率[6]。 置南行十步，以甲邪行率乘之，副置十步，以乙东行率乘之，各自为实。 实如南行率而一，各得行数[7]。

译文

假设有一棵竹，高 1 丈，末端折断，抵到地面处距竹根 3 尺。问：折断后的高是多少？

答：$4\frac{11}{20}$尺。

术：以抵到地面处到竹根的距离自乘，除以高，以所得

到的数减竹高,而取其余数的 $\frac{1}{2}$,就是折断之后的高。

假设有二人站在同一个地方。甲走的率是 7,乙走的率是 3。乙向东走,甲向南走 10 步,然后斜着向东北走,恰好与乙相会。问:甲、乙各走多少步?

答:

乙向东走 $10\frac{1}{2}$ 步,

甲斜着向东北走 $14\frac{1}{2}$ 步与乙会合。

术:将 7 自乘,3 也自乘,两者相加,除以 2,作为甲斜着走的率。从 7 自乘中减去甲斜着走的率,其余数作为甲向南走的率。以 3 乘 7 作为乙向东走的率。布置甲向南走的 10 步,以甲斜着走的率乘之,在旁边布置甲向南走的 10 步,以乙向东走的率乘之,各自作为被除数。被除数除以甲向南走的率,分别得到甲斜着走的及乙向东走的步数。

> 注释 ►

[1] 折,折断。竹高折地如图 9-5(1)所示。

[2] 在这个题目中,抵到地面处到竹根的距离 $a = 3$ 尺,竹高即 $c + b = 1$ 丈 $= 10$ 尺,将其代入下文的(9-7)式,得到

$$折者高\ b = \frac{1}{2}\left[(c+b) - \frac{a^2}{c+b}\right]$$

$$= \frac{1}{2}\left[10\ 尺 - \frac{(3\ 尺)^2}{10\ 尺}\right]$$

$$= \frac{1}{2} \times \left(10\,尺 - \frac{9}{10}\,尺 \right) = 4\frac{11}{20}\,尺。$$

[3] 这是以抵到地面处到竹根的距离自乘,除以高。以所得的数减竹高,而取其余数的 $\frac{1}{2}$,就是竹折断之后的高。记折断处为 A,抵到地面处为 B,竹根为 C,竹高处为 D。如图 9-5(2)所示,总的高 $CD = 1$ 丈是股弦并 $c + b$,以它除勾自乘的面积,得到折者高,即股弦差 $c - b = \frac{a^2}{c+b}$,因此

$$b = \frac{1}{2}\left[(c+b)-(c-b)\right] = \frac{1}{2}\left[(c+b)-\frac{a^2}{c+b}\right]。 \quad (9\text{-}7)$$

[4] 如图 9-6 所示,这是设甲行率为 m,乙行率为 n,则 $m : n = 7 : 3$。邪:斜。

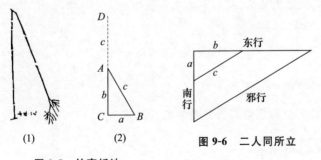

(1)

(2)

图 9-5　竹高折地

图 9-6　二人同所立

[5] 将 $m : n = 7 : 3$ 代入下文的(9-8)式,得到

$$a : b : c = 20 : 21 : 29。$$

已知勾 $a=10$ 步和弦率 29、股率 21、勾率 20，代入下文的 (9-9) 式，利用今有术求出甲斜行，即

$$弦=10\ 步\times 29\div 20=14\frac{1}{2}\ 步，$$

代入 (9-10) 式，求出乙东行，即

$$股=10\ 步\times b\div a=10\ 步\times 21\div 20=10\frac{1}{2}\ 步。$$

［6］设南行为 a，东行为 b，斜行为 c，《九章算术》术文给出

$$a:b:c=\frac{1}{2}(m^2-n^2):mn:\frac{1}{2}(m^2+n^2)。\quad (9\text{-}8)$$

其中南行率 $\frac{1}{2}(m^2-n^2)=m^2-\frac{1}{2}(m^2+n^2)$。

［7］这是说已知南行 $a=10$ 步和甲斜行率 c、乙东行率 b、南行率 a，利用今有术求出甲

斜行和乙东行

$$甲斜行=10\ 步\times c\div a，\quad (9\text{-}9)$$
$$乙东行=10\ 步\times b\div a。\quad (9\text{-}10)$$

（四）由勾弦差与股弦差求勾、股、弦

原文

今有户不知高、广，竿不知长短。 横之不出四尺，从之不出二尺，邪之适出。 问：户高、广、袤各几何[1]？

答曰：

广六尺，

高八尺,

衺一丈[2]。

术曰: 从、横不出相乘,倍,而开方除之。 所得,加从不出,即户广;加横不出,即户高;两不出加之,得户衺[3]。

译文 ▶

假设有一门户,不知道它的高和宽,有一根竹竿,不知道它的长短。将竹竿横着,有 4 尺出不去,竖起来有 2 尺出不去,将它斜着恰好能出门。问:门户的高、宽、斜各是多少?

答:

广是 6 尺,

高是 8 尺,

斜是 1 丈。

术:将竖着、横着出不去的长度相乘,加倍,而对之作开方除法。所得的结果加竖着出不去的长度,就是门户的宽;加上横着出不去的长度,就是门户的高;加上竖着、横着两者出不去的长度,就得到门户的斜。

注释 ▶

[1] 邪,衺,均通斜。

[2] 刘徽注中户宽为勾,记作 a,户高为股,记作 b,户斜为弦,记作 c。在此题中,$c-b=2$ 尺,$c-a=4$ 尺,代入下文的(9-11)式,得到门户的宽即勾

$$a=\sqrt{2\times2\text{尺}\times4\text{尺}}+2\text{尺}=6\text{尺},$$

代入(9-12)式,得到门户的高即股

$$b=\sqrt{2\times2\text{尺}\times4\text{尺}}+4\text{尺}=8\text{尺},$$

代入(9-13)式,得到门户的对角之长,即弦

$$c=\sqrt{2\times2\text{尺}\times4\text{尺}}+2\text{尺}+4\text{尺}=10\text{尺}。$$

[3] 持竿出户如图 9-7(1)和(2)所示。这是说,如果记户宽为 a,高为 b,斜为 c,那么从不出就是股弦差 $(c-b)$,横不出就是勾弦差 $(c-a)$。这是一个由勾弦差、股弦差求勾、股、弦的问题。术文说,勾即户宽

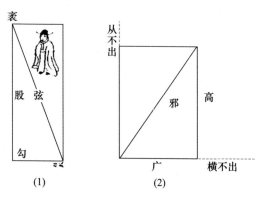

(1)   (2)

图 9-7　持竿出户图

$$a=\sqrt{2(c-a)(c-b)}+(c-b)。 \qquad (9\text{-}11)$$

股即户高

$$b=\sqrt{2(c-a)(c-b)}+(c-a)。 \qquad (9\text{-}12)$$

弦即户斜

$$c=\sqrt{2(c-a)(c-b)}+(c-b)+(c-a)。\quad(9\text{-}13)$$

这就是已知勾弦差、股弦差求勾、股、弦的公式。

三、勾股容方与勾股容圆

(一)勾股容方

原文

今有勾五步,股十二步。 问: 勾中容方几何[1]?

　　　　答曰: 方三步一十七分步之九[2]。

　　　　术曰: 并勾、股为法,勾、股相乘为实。 实如法而
　　　　一,得方一步[3]。

译文

假设一勾股形的勾是 5 步,股是 12 步。问:如果勾股形
中容一正方形,它的边长是多少?

　　　　答:正文形的边长是 $3\frac{9}{17}$ 步。

　　　　术:将勾、股相加,作为除数,勾、股相乘,作为被除
数。被除数除以除数,便得到勾股形所容正方形的边长
的步数。

注释

　　[1] 此是勾股容方问题。所谓勾股容方就是勾股形
内一顶点在弦上而有两直角边分别在勾、股上的正方形,
如图 9-8 所示。

［2］将此例题中的勾 $a = 5$ 步，股 $b = 12$ 步代入下文的勾股容方公式（9-14），得到正方形的边长为

$$d = \frac{ab}{a+b} = \frac{5 \text{步} \times 12 \text{步}}{5 \text{步} + 12 \text{步}} = 3\frac{9}{17}\text{步}。$$

［3］这是说已知勾股形勾 a，股 b，其所容正方形的边长

$$d = \frac{ab}{a+b}。 \tag{9-14}$$

（二）勾股容圆

原文

今有勾八步，股一十五步。 问：勾中容圆径几何[1]？

答曰： 六步[2]。

术曰： 八步为勾，十五步为股，为之求弦[3]。 三位并之为法，以勾乘股，倍之为实。 实如法得径一步[4]。

译文

假设一勾股形的勾是 8 步，股是 15 步。问：勾股形中内切一个圆，它的直径是多少？

答：6 步。

术：以 8 步作为勾，15 步作为股，求它们相应的弦。勾、股、弦三者相加，作为除数，以勾乘股，加倍，作为被除数。被除数除以除数，得到圆内切圆直径的步数。

注释

[1] 勾中容圆:勾股形内切一个圆,如图9-9所示。

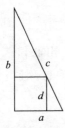

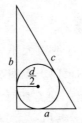

图9-8 勾股容方　　　　图9-9 勾股容圆

[2] 将此例题中的勾 $a=8$ 步、股 $b=15$ 步及下文求出的弦 $c=17$ 步代入下文的(9-15)式,得到此勾股形内切圆直径为

$$d=\frac{2\times 8\ \text{步}\times 15\ \text{步}}{8\ \text{步}+15\ \text{步}+17\ \text{步}}=\frac{240\ \text{步}^2}{40\ \text{步}}=6\ \text{步}。$$

[3] 这是说利用勾股术求出弦

$$c=\sqrt{a^2+b^2}$$

$$=\sqrt{(8\ \text{步})^2+(15\ \text{步})^2}=\sqrt{(289\ \text{步})^2}=17\ \text{步}。$$

[4] 这是说勾股形所容圆的直径为

$$d=\frac{2ab}{a+b+c}。 \tag{9-15}$$

四、邑方

今有邑方不知大小[1]，各中开门。 出北门二十步有木。 出南门一十四步，折而西行一千七百七十五步见木。 问： 邑方几何？

答曰： 二百五十步[2]。

术曰： 以出北门步数乘西行步数，倍之，为实。 并出南、北门步数，为从法。 开方除之，即邑方[3]。

今有邑方一十里，各中开门。 甲、乙俱从邑中央而出： 乙东出；甲南出，出门不知步数，邪向东北，磨邑隅，适与乙会。 率： 甲行五，乙行三[4]。 问： 甲、乙行各几何？

答曰：

甲出南门八百步，邪东北行四千八百八十七步半，及乙；

乙东行四千三百一十二步半[5]。

术曰： 令五自乘，三亦自乘，并而半之，为邪行率。 邪行率减于五自乘者，余为南行率。 以三乘五为乙东行率[6]。 置邑方，半之，以南行率乘之，如东行率而一，即得出南门步数。 以增邑方半，即南行[7]。 置南行步，求弦者，以邪行率乘之；求东行者，以东行率乘之，各自为实。实如法，南行率，得一步[8]。

假设有一座正方形的城，不知道其大小，各在城墙的中间开门。出北门 20 步处有一棵树。出南门 14 步，然后拐弯向西走 1775 步，恰好看见这棵树。问：城的边长是多少？

答：250 步。

术：以出北门到树的步数乘拐弯向西走的步数，加倍，作为被开方数。将出南门和北门的步数相加，作为一次项系数。对之作开方除法，便得到城的边长。

假设有一座正方形的城，每边长 10 里，各在城墙的中间开门。甲、乙二人都从城的中心出发：乙向东出城门，甲向南出城门，出门走了不知多少步，便斜着向东北走，擦着城墙的东南角，恰好与乙相会。他们的率：甲走的率是 5，乙走的率是 3。问：甲、乙各走了多少？

答：

甲向南出城门走 800 步，斜着向东北走 $4887\frac{1}{2}$ 步，遇到乙；

乙向东出城门走 $4312\frac{1}{2}$ 步。

术：将 5 自乘，3 也自乘，相加，取其 $\frac{1}{2}$，作为甲斜着走的率。5 自乘减去甲斜着走的率，余数作为甲向南走的率。以 3 乘 5，作为乙向东走的率。布置城的边长，取其 $\frac{1}{2}$，以甲向南走的率乘之，除以乙向东走的率，就得到甲向南出城门走的步数。以它加城边长的 $\frac{1}{2}$，就是甲向南走的步数。布置甲向南走的步数，如果求弦，就以甲斜着走的率乘之；如果求乙向东走的步数，就以向东走的率乘之，各自作为被除数。被除数除以除数，即甲向南走的率，便分别得到走的步数。

注释

［1］邑(yì)：人们聚居之处；城市。

［2］将此例题中的 $k=20$ 步、$l=14$ 步、$m=1775$ 步代入下文的(9-16)式，得到一元二次方程

$$x^2 + (20\text{ 步} + 14\text{ 步})x = 2 \times 20\text{ 步} \times 1775\text{ 步},$$

亦即

$$x^2 + (34\text{ 步})x = 71000\text{ 步}^2。$$

对之开方，得到 $x=250$ 步，就是方邑的每边长。

［3］这是说以出北门到树的步数乘折西走的步数，加倍，作为实，即被开方数。如图 9-10 所示，记此邑的西北角为 F，东北角为 G，邑的边长 FG 为 x，城邑的北门为 D，门外之木为 B，南门为 E，折西处为 C，见木处为 A，记 AC 为 m，BD 为 k，CE 为 l，则以 $2 \times BD \times AC = 2km$ 作为被开方数。以 $BD + CE = k + l$ 作为从法，即一次项系数。而

$$km = (k+x+l) \times \frac{x}{2}.$$

于是得到二次方程

$$x^2 + (k+l)x = 2km. \tag{9-16}$$

[4] 这是设甲行率为 m，乙行率为 n，则 $m : n = 5 : 3$。

[5] 由 (9-8) 式求出 $a : b : c = 8 : 15 : 17$。已知方邑的边长 10 里，利用今有术，求出

出南门里数 $CB = 300$ 步 $\times 5 \times 8 \div 15 = 800$ 步，

斜行里数 $BD = 2300$ 步 $\times 17 \div 8 = 4887\frac{1}{2}$ 步，

东行里数 $OD = 2300$ 步 $\times 15 \div 8 = 4312\frac{1}{2}$ 步。

[6] 如图 9-11 所示，设南行 OB 为 a，东行 OD 为 b，斜行 BD 为 c，则 $(c+a) : b = m : n$。术文是说斜行率为 $\frac{1}{2}(m^2 + n^2)$，南行率为 $\frac{1}{2}(m^2 - n^2)$，东行率为 mn。换言之，即 (9-8) 式。

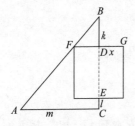

图 9-10　一元二次方程的推导

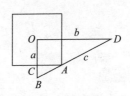

图 9-11　甲乙出邑

[7] 这是说布置半邑方 AC 即 5 里，由

$$CB：AC＝OB：OD＝a：b＝8：15，$$

利用今有术求出出南门里数

$$CB＝5 \text{ 里} ×a÷b＝300 \text{ 步} ×5×8÷15＝800 \text{ 步}。$$

出南门步数加邑方得甲南行

$$OB＝OC＋CB＝5 \text{ 里} ＋800 \text{ 步} ＝2300 \text{ 步}。$$

[8] 这是说布置甲向南走的步数，如果求弦，就以甲斜着走的率乘之；如果求乙向东走的步数，就以向东走的率乘之，各自作为被除数。被除数除以除数，即甲向南走的率，便分别得到走的步数。亦即

由 $CB：AB＝OB：BD＝a：c＝8：17，$

利用今有术求出斜行里数

$$BD＝OB×c÷a＝2300 \text{ 步} ×17÷8＝4887\frac{1}{2} \text{步}。$$

由 $CB：AC＝OB：OD＝a：b＝8：15，$

利用今有术求出东行里数

$$OD＝OB×b÷a＝2300 \text{ 步} ×15÷8＝4312\frac{1}{2} \text{步}。$$

五、一次测望问题

原文

今有山居木西，不知其高。 山去木五十三里，木高九丈五尺。 人立木东三里，望木末适与山峰斜平。 人目高七尺。 问： 山高几何[1]？

答曰：一百六十四丈九尺六寸太半寸。

术曰：置木高，减人目高七尺，余，以乘五十三里为实。以人去木三里为法。实如法而一。所得，加木高，即山高[2]。

译文 ▶

假设有一座山，位于一棵树的西面，不知道它的高。山距离树 53 里，树高 9 丈 5 尺。一个人站立在树的东面 3 里处，望树梢恰好与山峰斜平。人的眼睛高 7 尺。问：山高是多少？

答：164 丈 9 尺 6 $\dfrac{2}{3}$ 寸。

术：布置树的高度，减去人眼睛的高 7 尺，以其余数乘 53 里，作为被除数。以人与树的距离 3 里作为除数。被除数除以除数。所得到的结果加树高，就是山高。

注释 ▶

[1] 如图 9-12 所示，记山高为 PF，木高为 $BE=9$ 丈 5 尺，木距山 $EF=53$ 里，人目高为 $AD=7$ 尺。A,B,P 在同一直线上。求山高 PF。

[2] 这是说布置树的高度，减去人眼睛的高 7 尺。以其余数乘 53 里，作为被除数。以人与树的距离 3 里作为除数。被除数除以除数，所得到的结果加树高，就是山高。换言之，山高

$$PF = PQ + BE = BC \times BQ \div AC + BE$$

$$=88\ 尺×53\ 里÷3\ 里+95\ 尺$$

$$=1554\frac{2}{3}尺+95\ 尺=1649\frac{2}{3}尺。$$

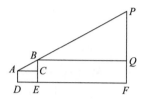

图 9-12　因木望山

下　篇

学习资源
Learning Resources

扩展阅读

数字课程

思考题

阅读笔记

扩展阅读

书　名：《九章算术》白话译讲（全本插图版）

作　者：张苍　耿寿昌　删补

　　　　郭书春　译讲

出版社：北京大学出版社

目录

第七卷　盈不足

第八卷　方程

第九卷　勾股

数字课程

请扫描"科学元典"微信公众号二维码，收听音频。

思考题

一、《九章算术》的体例与编纂

1. 《九章算术》的体例是怎样的？它是一部应用问题集吗？

2. 《九章算术》是怎样编纂的？

3. 《九章算术》成书的时代背景是怎样的？

二、《九章算术》的成就

1. 分数四则运算法则与现今数学教科书教授的有何异同？

2. 为什么会将盈不足术称为万能算法？

3. 开方术与一元方程是什么关系？

4. 方程术与现今数学教科书教授的一次联立方程组解法有何异同?

5. 《九章算术》提出了哪些面积问题抽象性公式?与今天学的有什么异同?

6. 《九章算术》提出了哪些体积问题抽象性公式?与今天学的有什么异同?

三、《九章算术》的影响

1. 《九章算术》对中国和东方的数学有怎样的影响?

2. 《九章算术》与《几何原本》有什么异同?它在世界数学史上有怎样的地位?

阅读笔记

科学元典丛书

已出书目